新SI単位と電磁気学

佐藤文隆・北野正雄
Sato Humitaka　Kitano Masao

新SI単位と
電磁気学

岩波書店

はじめに

　度量衡の元祖といえるキログラム原器がその役目を終えようとしている．近年の測定技術の長足の進歩によって，単位系をめぐる約130年ぶりの大改定が行われることになったのである．これと同時にSI（国際単位系）の大改定があり「新SI」の登場となったのである．

　本書は岩波講座「物理の世界」の1冊として2005年に出版された佐藤文隆著『物理定数とSI単位』[1]の旧本を大幅に改訂し，著者に北野正雄が加わった新本として刊行するものである．新本を企画した2つの理由と「旧本」の構造を残した主旨をここで述べておく．

　「2つの理由」の1つは2018年にSIの歴史の中でも最大級の大改定が「単位系を定義する現象」においてなされることである．すでに長さの基準としてのメートル原器は廃棄されていたが，こんどは質量の基準としてのキログラム原器も廃棄され，基本物理定数を基準にする「新SI」の体系が登場したのである．

　「2つの理由」のもう1つは，このSIの「大改定」の一部でもある電磁気学の単位系に関わることである．電磁気学の単位系をめぐっては錯綜した経過があったが，新本は，今回の新SIで示された方向を見据えたマクスウェル方程式の表記などについての提起を行うものである．

　旧本においても，SI単位の本ではあるが，電磁気学の単位系の話を1章を設けて取り上げた．本書ではタイトルにも掲げたように，この課題をいっそう拡充して第4, 5, 7章で取り上げている．電磁気学は非常に多くの人が学ぶ理工系の基礎科目であり，初学者向きの教科書も実に多く出版されている．しかしマクスウェル方程式のような基礎事項の表記が異なるものが今も併存している．また，歴史的に著名な教科書にみられる単位系の差もスムーズな学習の妨げになっている．

　たしかに表記法は専門領域ごとに特定のものに限定される傾向があるので，複数の表記法の存在は大して気にならないかもしれない．しかし，学部学生の授業を担当する教員にとっては，広い分野に進む学生たちの将来を考えると悩

みの種である．また，学生にとっても流儀によって方程式の表記まで違うのでは混乱のもとであり，スムーズな学習の妨げでもある．こうした混乱を避けるには単位系の標準化が必要であり，SI の精神もこうしたことから発したものである．

電磁気学の表記法がいくつも併存することになったのには，それなりの時代的・理論的な根拠があったからである．それについては本書においても丁寧に説明している．しかし SI という制度の精神は，ユニークに絞る物理学上の理論的根拠がない場合でも，煩雑さと無用の混乱を避けるために統一できるものは約束事として統一しようというものである．そして広範な領域にまたがる単位の制度的インフラストラクチャーとして，すでに SI が実績を積み重ねてその精神は広がっているのである．今回の新 SI への改定のように，「約束事」の見直しも物理学の進展に即応して行われる制度なのである．電磁気学の表記の課題においても，この全体的な流れの中で改善していく必要があると考える．これが本書の多くのスペースを電磁気学にあてた理由である．

「旧本」は 200 年にもわたる単位系を統一する試みがもっていた意味を，社会論的・学問論的な視点も入れて，書いたものであり，理工系の専門に特化したものではない．ところで今回の新 SI で達成した単位の体系は 20 世紀後半に急展開した現代物理学の体系と極めて整合している．このため，これまでの単位系の仕組みが恣意的で徒労であったように逆に見えてくる．このことは測定技術の現実と理論的な体系の齟齬を気づかせてくれるものである．この間の経緯に触れている「旧本」の構造は新 SI の意義の理解にも資すると考える．本書においてもこの「構造」を受け継いで，単位系や精密測定の専門家ではない著者たちが単位の問題に関心をもつことで気づかされたいくつかのトピックを「第 6 章 単位系余話」に記した．

物理的な単位が関係するサイエンスの研究と教育に携わる多くの方々が，広い分野の先端の研究が単位系という社会的インフラを進展させてきたことに理解を深められることを願っている．

2018 年 2 月

佐藤文隆

はじめに [旧本]

　単位や物理定数への興味が最近高まっているように思える．半導体や光の物理とか，素粒子や星の物理とか，とにかく限定された現象や対象を研究している場合には単位系のしくみなどには興味はいかない．おのおのの分野で扱う物理量の変動する範囲は 2, 3 桁，大きくてもせいぜい 4 桁か 6 桁以下である．これ以上の差があれば測定に使う装置が根本的に違ってきて，ふつうは別の分野となる．だからおのおのの業界で使用する標準的な単位は固定しており，日常的には物理量を表わす数字が単位ぬきで無次元量のごとく飛び交わされている．
　単位を意識するのは異分野どうしの交流の場面である．電磁波の測定は波長や強度によって千差万別である．そしてお互いの得意とする地点からおそるおそる範囲を広げていって隣接分野と重なると，相手の分野が「どういうキャリブレーション（校正）をした！」と警戒感をあらわにし，お互いに"侵入者"の存在に目覚める．そうすると日ごろ意識していない「測定現象」に目がいくようになる．測定器に結びつけられている特殊な「測定現象」の適用限界を意識する．どんな測定器のダイナミックレンジもそんなに広くはないことに気づく．近年，測定技術（検出技術と情報処理技術の両方）革新はいちじるしく，また異分野にまたがる新領域への関心が広まっている．これが単位や物理定数への関心を高めている原因であろう．
　実験的に現象を見ている場合は，間に介在する測定技術を通して単位への関心も高まるのではないかと思うが，こういう事情は理論的に現象を見ている場合にも同様である．ふつうは，扱う対象・現象にふさわしい形に数式を書く変数が選択され，目的にそった近似がされているハミルトニアンや方程式を扱っている．次元のある物理量はその課題にふさわしい大きさをもつ次元の基準量で規格化される．こうした処理を施した数式の振る舞いの考察ばかりをやっていると，単位の話は意識しないですむ．しかし異分野との交流があると急に規格化に用いた量を意識しなければならなくなるのである．
　近年の日本における単位に対する関心の高まりには上述の「異分野との交

流」のほかに，もうひとつの理由があるように思える．その背景は，大きく言えば，日本での科学技術が質，量ともに「単位にも責任をもつ」レベルに達していることである．欧米の科学技術を仰ぎ見ている"追いつき追い越せ"の時代では，科学技術関連の測定機器製造やそれに付随して重要な安定した校正技術の研究などの研究道具開発業界を下支えしている営みまでは目が届かなかった．この日本の長い過去の事情がようやく変化してきて，国際的にも率先して責任を果たすだけでなく，日本の科学技術業界の厚みと幅を高める契機にもなっている．その意味では日本の科学と産業のひとつの転換点を象徴する課題であるともいえる．

　単位の呼称には多くの人名も登場するが，その意味でも単位は科学や技術の歴史を想起させる契機となる．コンビニで電池を買う際も「ボルト」や「アンペア」に遭遇する．考えてみれば，これは「サトウ」や「タカハシ」でもよかったのである．このように多用される単位の名称には残念ながら日本人の人名が登場しないので，われわれにはこういう想像力が落ちている．人名を普通名詞のように用いるエポニム（eponym）はもともと言語文化のひとつとして各言語に独特のものであった．それがグローバルに使用される用語という近代的な意味合いをもってきたのは大航海時代などを経て，マゼラン海峡のように地名に人名を用いることから多くなったという．

　宗教や学説，数学や科学技術の法則の呼称にもエポニムは盛んであるが，そこでは統一の動きや国際協定の試みはない．このごろでは"ツナミ"という日本語や日本人の人名もいくつも登場するようになった．それに対して基本的な単位は，科学の世界に閉じないものである．また交流がグローバル化したことで，国際的な取り決めが要求された．そこで特定の人名を選択する作業が必要になったわけである．あいにく日本はその選択作業にハラハラする立場にもなかったのである．電気，磁気は遠い19世紀であるからしかたない．しかしこ半世紀以内でも実は大きなこれに類したことがあった．計算機プログラムの言語である．われわれは"go to"などのコマンドが英語であることを何の意にも介さないが，一時期フランス語を定着させようと，アフリカの旧仏領植民地などを動員して，フランス政府が努力したという話を聞いたことがある．そう言えば，一時代前は，日本の医者はドイツ語でカルテを書いていた．数式や記

号にアルファベットやギリシア文字を使っているのも考えてみれば自明でないことに気づく．こういった事例は日本の科学技術の歴史や底力がまだまだであることを悟らせる一件ではある．一見無味乾燥な単位の話もこういう見方をするときわめて生々しい話題であるといえる．

単位系の歴史の話はそれこそ世界史の重要な一分野を形づくるほど興味ある話にあふれている．19世紀末には「単位」に続いて緯度，経度，測地などの標準化が科学技術界の国際的課題だった．こうした歴史には，従来の科学の歴史を中心に据えた見方以外に，産業や政治権力に視点をおく見方も登場している．そういう読み物風の本は結構出ている．

これまで単位や物理定数の本といえば与えられた数字の組の「情報」を便利なように並べることであった．また前述のような現代的状況を著者が意識しても「便利さ」を考えるとだいたいは従来のパターンから大きく変えることはできない．こうした状況をふまえてこの小冊子に何を書くか迷ったところである．考慮した事情のひとつはインターネットの普及で「情報」にはいくらでもアクセスできることである．そのことを念頭において少し工夫した．

SI単位を勉強して書いていくうちに紙数がいいところにきたので，当初予定していた「諸単位」の収集という意図は実行しないことにした．そこで本の表題も少し変えて「物理定数とSI単位」とした．正確にいうとCODATAが研究を進めている「物理定数」を主題にはしていないのでこの表題も看板に偽りありであり，「SI単位と物理学：雑感」といった内容になっている．すなわち当初予定したハンドブック的なものではなくなっている．しかし，この表題ではこの講座の構成をあまりにも乱してしまうので原型を少し留める程度に変えた．

現在はSI単位の"公式な"あるいは"正確な"定義や意味の理解についてはインターネットでいろいろなサイトにアクセスして調べることができる．この本が単位にあまり関心のなかった人がこうした「情報」に関心を持つ入門となることを願っている．

2005年9月

佐藤文隆

目 次

はじめに

1 物理学と単位系 ……………………………………………… 1
1.1 物理学と数量化 ……………………………………… 1
1.1.1 数量的記述と単位　1
1.1.2 メートル法から国際条約へ　2
1.2 社会制度としての SI 単位 ………………………… 3
1.3 単位を定義する現象 ………………………………… 4
1.3.1 地球半径とメートル原器　4
1.3.2 定義の改変と継承　5
1.4 測定技術の進展 ……………………………………… 6
1.5 メートル法から国際単位系 SI へ ………………… 8
1.5.1 メートル条約までの歴史　8
1.5.2 新 SI までの歴史年表　9
1.6 キログラム原器の廃止と量子 SI の単位系へ …… 11
1.7 SI 単位の実施体制 ………………………………… 12

2 国際単位系 SI ……………………………………………… 15
2.1 SI の 3 つの柱 ……………………………………… 15
2.2 基本単位と組み立て単位 ………………………… 16
2.2.1 基本単位　16
2.2.2 組み立て単位と「一貫性」　18
2.2.3 接頭語（prefix）　19
2.2.4 SI と併用される単位　19
2.2.5 書式，表記　21

2.3 計量法 22
2.3.1 法定単位制定と計量器検定 22
2.3.2 法定計量単位 23
2.3.3 計量器に関する規制 29

3 単位系を定義する現象 31

3.1 基本単位と物理定数の定義値 31
3.1.1 基本単位を定義する7つの定義値 31
3.1.2 基本単位の定義値への依存関係 32

3.2 時間：天文時間から原子時計へ 34
3.2.1 天文時間 34
3.2.2 時計 36
3.2.3 原子時計 37

3.3 長さ：メートル原器から光速へ 38

3.4 質量：キログラム原器からプランク定数へ 39
3.4.1 国際キログラム原器IPKの不安定性 39
3.4.2 「キログラム原器からプランク定数へ」の意味 39

3.5 電磁気：電流から素電荷へ 41
3.5.1 力学単位からMKSA単位へ 41
3.5.2 電磁気の量子的測定 42

3.6 温度：水相図3重点TPWからボルツマン定数へ 44
3.6.1 セルシウス温度とケルビン温度 44
3.6.2 熱力学温度 45
3.6.3 国際温度目盛ITS-90——1次温度計と2次温度計 47

3.7 物質量：モルからアボガドロ定数へ 47
3.7.1 モル質量と相対原子質量 47
3.7.2 ワットバランス法 49
3.7.3 X線結晶密度法によるアボガドロ定数N_Aの測定 52
3.7.4 質量とプランク定数 54

3.8 光度：カンデラからルーメンへ 55

4 電磁気の単位とマクスウェル方程式 …………………… 57

4.1 電磁気学の現代的意義 ……………………… 57
4.2 電磁気学における単位の困難 ………………… 59
4.2.1 回路と電磁気の単位　60
4.3 電磁気学の体系 …………………………… 62
4.3.1 源がつくる場　63
4.3.2 力学作用を表す場　64
4.3.3 真空の構成方程式——電磁気の要石　65
4.3.4 電気力・磁気力に関する法則　67
4.3.5 力による電磁気量の定量化　69
4.4 マクスウェルと光速と回路 ……………………… 71
4.4.1 ウェーバー・コールラウシュの実験　71
4.4.2 マクスウェルの慧眼——光は電磁波だ　73
4.4.3 真空のインピーダンス——源と力を関係づける　76
4.4.4 マクスウェル方程式の平面波解と光速　79
4.4.5 相対論と単位系　81
4.5 電磁気の定数の定義値化 ……………………… 85
4.5.1 単位の現示　85
4.5.2 旧 SI におけるアンペアの定義——$4\pi \times 10^{-7}$ の起源　86
4.5.3 新 SI におけるアンペアの定義——電流次元の独立　89
4.6 振動系・波動系のインピーダンス
　　——Z_0 の意味をたずねて ……………………… 90
4.6.1 機械系のインピーダンス　91
4.6.2 LC 共振回路　94
4.6.3 LC ラダー回路と平面電磁波　96
4.6.4 平面電磁波のインピーダンス　98
4.6.5 抵抗板による電磁波の反射と透過　98

コラム　マクスウェルは 4 種類の場を考えていた ……………… 102

コラム　LC 共振回路による c_0 と Z_0 の測定 ………………… 105

コラム　D, H の測り方 …………………………………… 107

5 電磁気の単位系の進化と単位系間の変換 ………………… 109

- 5.1 単位系の多様性 ………………………………… 109
  - 5.1.1 なぜ多様なのか　109
  - 5.1.2 合理性を求めて――非有理単位系から有理単位系へ　111
  - 5.1.3 3元単位系と4元単位系――単位の平方根　113
- 5.2 単位系間の変換――SI から esu, emu へ ………………… 114
  - 5.2.1 物理量の変換，数値の変換　115
  - 5.2.2 $1\,\mathrm{T} = 10^4\,\mathrm{Gauss}$ と書いてはいけない　115
  - 5.2.3 SI から esu, emu への変換係数　117
  - 5.2.4 変換表――物理量の変換　118
  - 5.2.5 変換表――数値の変換　119
- 5.3 ガウス単位系――esu と emu の無理な融合 ………………… 122
  - 5.3.1 3元単位系の定量的問題と回路の単位　125
- 5.4 実用単位系から MKSA へ――ジョルジのアイデア ……… 127
- 5.5 単位系相互の関係――系統樹 …………………………… 130
- コラム　ガウス単位系の跳梁跋扈 ………………………………… 134
- コラム　EH 対応と EB 対応――D, H は補助場ではない …… 136

6 単位系余話 …………………………………………………… 139

- 6.1 測定の先端研究 …………………………………………… 139
  - 6.1.1 光コム　139
  - 6.1.2 光格子時計と重力による振動数シフト　140
  - 6.1.3 $Mc^2 = h\nu$ 振動数の直接測定　141
  - 6.1.4 メタマテリアルと電磁気学の拡張　141
  - 6.1.5 SI 単位と生物・生理的効果　143
  - 6.1.6 物理定数は時間的に一定か？　144
- 6.2 SI の普及とその影響 …………………………………… 145
  - 6.2.1 単位をもつ量の表記：括弧の乱用に注意　145
  - 6.2.2 数式と量式　146
  - 6.2.3 単位系という制度：公正・安定・簡便　148

  6.2.4 米国での単位系の混乱 149

  6.2.5 電磁気学の古典的教科書の単位系改定

    ——ジャクソンとパーセルの密約 150

  6.2.6 新 kg 制定の効果 150

6.3 生活の中の計測単位 ････････････････････････････････ 152

  6.3.1 電波時計と時差ボケ 152

  6.3.2 現代の暦管理：閏秒とコンピュータ時間 153

  6.3.3 情報量の単位と情報機器 154

  6.3.4 消費電力と照度：LED とカンデラ(燭光) 155

  6.3.5 血圧と大気圧 156

  6.3.6 気象，地震 156

  6.3.7 生活空間の視環境 157

6.4 歴史余話 ･･ 158

  6.4.1 フランス革命からメートル条約まで 158

  6.4.2 ハリソン時計と経度制定：フランスと英国 159

  6.4.3 日本は SI 優等生，かつては国粋主義者の反対も 160

  6.4.4 物理学の体系と単位系，質量「ロス」 161

  6.4.5 マジックナンバー——聖なる数？ 163

  6.4.6 個数，等級，序数，ランキング 164

7 単位系の数理構造 ･･････････････････････････････････････ 167

7.1 単位系の一般的な考え方 ････････････････････････････ 167

  7.1.1 量の空間と量の表現 168

  7.1.2 単位系間の変換可能性と擬順序 170

  7.1.3 単位系間の写像 171

  7.1.4 変換の例 173

7.2 次元と単位系——物理量はどこまで普遍的か ････････ 176

  7.2.1 等価な単位系群 176

  7.2.2 次元とは何か 177

  7.2.3 正規化による単位系の変換——部分単位系への埋め込み 178

8　諸定数表 ……………………………………………………… 183
　　8.1　新 SI での定義値と
　　　　 新旧 SI での主要物理定数の不確かさ ……………… 183
　　8.2　「よく使われる基本物理定数」,「自然単位 n.u. と
　　　　 原子単位 a.u.」および「エネルギー等価換算」の表 …… 184

参考文献 ………………………………………………………… 189

あとがき ………………………………………………………… 193

索　引 …………………………………………………………… 197

1
物理学と単位系

物理学の特徴は測定値を数量で表し，法則を数字のあいだに満たされる方程式で記述することである．しかし，現実の数字化には単位が必要である．この単位のグローバル化の先導役を果たしたのがメートル法であり，それが科学技術社会のインフラストラクチャーとして国際単位系 SI へと発展している．

1.1 物理学と数量化

1.1.1 数量的記述と単位

物理学の対象は物質であると考えがちだが，「もの」だけの学問ではない．「こと」，情報，認知，「計算」といったことにまで拡大している．こうした拡張力の源泉は数理的な手法にある．そしてこの数理的手法の核心は，対象とする世界の数量的表現，すなわち数字化にある．「数字化」とは，対象それ自体には数字が書かれていないが，それを記述する者が用意するある規則によってその対象の一部を数字の世界に写像(map)することである．物理学の手法は，この数字の世界に登場する諸量のあいだの関係として法則を記述することである．「写像」とは具体的には測定，検出，観測のことであり，「逆写像」が設計数字にもとづく人工物の制作である．そしてこの数量の記述言語が諸単位に関する「規則」であり，「法則」とは測定結果の数字を当てはめるスロットに当たる変数で書かれた方程式である，といえる．

数字化のための単位の起源の歴史は人類の経済活動，科学技術の進展，などの変遷そのものである．「記述する者が与えたある規則」の発祥は農業，経済，徴税，軍事，土木，水利，暦，天文，航海，統治，などの技術に関連して

いる．それらは地域的にもばらばらなものとして定着したが，通商交易と政治的統治の拡大に応じて自然に淘汰，整理されていった．しかし現在の SI の単位系はこの"自然淘汰"の単純な結果としてあるのではない．フランス革命期の精神的高揚のなかでの近代普遍主義の価値観にそった思想の産物であるといえるメートル法（1790 年）に端を発している（第 6 章 6.4.1 参照）．

1.1.2 メートル法から国際条約へ

この精神的な運動としての「メートル法」はフランス革命の最中に登場するが，フランス国内の政治情勢の変化もあって一時休眠状態になる．しかし，1867 年から始まる万国博覧会などを契機に再興する．その際には工業製品の交換や電磁気にまつわる技術の進展という，統一的単位系を必要とする実用上の理由も追加されていた．こうした中で，17 カ国が加盟して 1875 年にメートル条約が締結され，日本は 1885 年に加盟した．条約の運営に携わる常設の機関としてパリに国際度量衡局（BIPM: Bureau International des Poids et Mesures）が設置された．実質的な活動と提言を行なうために，国際度量衡委員会（CIPM: Comité International de Poids et Mesures）がその下に置かれた．そして 1889 年，条約機構の最高機関である国際度量衡総会（CGPM: Conférence Générale des Poids et Mesures）の第 1 回総会が開かれ，ここで単位系の基礎を「メートル原器」と「キログラム原器」に置くことが決まり，パリの BIPM に保管されることとなった．

このとき「国際原器」を複製した「国家原器」を加盟各国に配ることも決まった．白金とイリジウムの合金でできたメートル原器とキログラム原器が日本に到着したのは 1890 年のことである．日本では 1903 年に中央度量衡器検定所が設立されて計量器の検定・検査機関として「原器」を運用することとなった．その後，計量研究所を経て，現在は産業技術総合研究所（産総研）の計量標準総合センターに受け継がれている．

現在，多くの政府は各地域の伝統的な度量衡単位に代えてこの SI の単位系の採用に踏み切っている．「SI」は Le Système International d'Unités というフランス語を省略したものである．英語の省略だと「IS」となるはずである．したがって，「SI 単位系」は重複表現であるが，単に「SI」では分かりづらい

場合に用いられる．また，「SI単位」はSIにおける単位をさす．

フランス発祥の18世紀末のメートル法提唱から，1875年のメートル条約を経て，国際条約としてのSIの成立までの歴史については本章1.5節で，現行のSIについては第2章で，また国際条約を「政府が採用」することの意味についてもそこで述べる．

1.2 社会制度としてのSI単位

現行のSIの骨子はつぎのようになっている．
(1) 7つの基本単位現象の特定
(2) 表記法と名称
(3) 十進法と接頭語の使用およびその表記
(4) 他の非SI単位の使用についてのガイドライン

最初の項目以外は，物理学と大きくは関わらない一種の約束事であるが，最初の「基本単位」として何を採用するかは物理的事象の法則観，測定技術，利用形態の進展に直接関わっている．

いわゆる19世紀後半の力学的世界観という理念に立てば物理学者には「長さ，時間，質量」の3つで基本単位は十分であった．重力や電磁気現象もそれが運動の原因とみなされる意味においてしょせんは「長さ，時間，質量」の3つに還元されるものであった．ところがSIを見ると基本単位としてこの3つのほかに，「電流，温度，光度(カンデラ)，物質量(モル)」の4つを加えて，都合「7つ」が基本単位とされている．このことは物理学に関心をもつ者が往々にしてSIの普及に「疑念」をもつ出発点である．

例えば「光度」とはしょせんは単位面積・単位時間あたりのエネルギー流で十分であり，「物質量」も原子集団の個数だと想い描いてしまうと定義は不要に思える．このあたりは化学や工学などの応用が重要な科学技術業界のごり押しのようにも見えてきて，ますますSIが基礎的な物理学には縁のないものに見えてくる．

こうした違和感に合理性があるのかどうか？　それとも違和感を覚える狭隘な科学観に囚われている物理学者のほうがおかしいのか？　この点を深めてい

くと現象，測定，理念(世界観)という互いに独立した要素を単純に統一できない現実が見えてくる．この「7つ」をなぜ並存させるのかを考えていくと，単位系の問題は単なる物理学の体系という理念の問題でなく，社会的存在としての科学の姿が見えてくる．理念の表現としての単位系と社会制度としての国際単位系という2つの側面がある．SIはある種の社会的存在としての科学の意味を問い直す奥深い問題を提供しているのかもしれない(第6章6.2.3参照)．

1.3 単位を定義する現象

1.3.1 地球半径とメートル原器

メートル法の発端は長さである．王様の腕の長さとかいう普遍性がないものでなく，地球という事物をもって来て定義した点に新味があった．赤道から北極までの距離の1000万分の1を1mと定義した．すると地球の半径は

$$r = \frac{2}{\pi} \times 10^7 \text{ m} = \frac{2}{\pi} \times 10\,000 \text{ km} = 6366.197\,72\cdots \text{ km} \quad (1.1)$$

のように決まってくる．近年の実測値は6378.1…kmである．

ここで奇妙なことに気づく．まず何の測定をしなくても地球半径がそこそこの精度で決まることである．さらに，定義だから決まるのはいいが，実測値がなぜ定義値と違うのかである．まず「測らないと決まらない」のは地球半径ではなく1mの具体的な長さである．メートル原器をつくるには苦労の多い地球の実測が必要だったのである．また定義値と一致しない原因の1つは地球は完全な球であるという「理論」が正しくないこと，第2にはメートル原器製作時の測定の実際の精度の悪さである．

メートル原器製作後はメートル原器の長さが定義となり，「地球の大きさ」はその基準で測定された1つの現象という地位に転落した．「メートル原器」と「地球の大きさ」の位置づけが完全に逆転している．こうしないと「地球の大きさ」の測定精度の向上のたびに「原器」をつくり直さねばならないことになる．それを避けるために人工物を単位の基準にしたのが「原器」の導入である．この事情はキログラム原器についても同様な事情にあり，「水の重さ」と「キログラム原器」の地位が逆転している．もともと「キログラム原器」は新

たな長さの単位で決めた体積を満たす水の質量として作成された．

　単位の定義にはその現象（事物）の恒常性と測定可能性が必要である．地球自転という現象にも恒常性がないことが知られてきた．自転がしだいに遅くなっているのである．「原器」も熱や酸化で変質する可能性があり，それを避ける技術的工夫もなされたが完全ではない．また「測定可能性」には正確な再現性が要求される．温度や気圧といった測定時の状況の再現性と測定機器の完全な再現性である．

　自然物でも人工物でも巨視的な現象では「再現性」に現実的難点が必ず伴う．1870 年頃すでにマクスウェルはこの難点について言及している．そして単位を定義する現象としては最終的にはミクロな「分子」を用いて行うようになるであろうと予想している．当時，「分子」の実体はまだ不明であったが「水素分子が変化すれば水素分子でなくなる」のであるから，恒常性は完全に保てると言っている．2018 年の新 SI への改定で単位定義の現象が微視的現象に向かったといえる．

1.3.2　定義の改変と継承

　「地球の大きさ」と「原器」の物語は「単位を決める現象」の選択にあたっての注意点を教えている．例えば時間については，当初は地球の自転という「現象」，すなわち地球という事物をもってきて時間の単位が定義された．また温度については，水という「事物」とその凍結や沸騰という「現象」をもってきて寒暖の単位が定義された．そこには物理学の体系の観点から見て何の普遍性も一般性もない，ある特殊な「現象」や「事物」（以後はまとめて「現象」と書く）が登場する．多くは人間社会の履歴を引きずっているだけである．しかしいったん単位として採用されると原子や星の内部を記述する際にもこの単位が用いられるから，地球の自転や水の凍結と原子や星の内部が対比されることになる．

　SI の単位系の枠組みが成立した後にも，時間の定義は天文時間から原子時計に，長さの定義はメートル原器から光の進む距離にとって代わってきた．このように同一量の基本単位でも測定技術の精度の実態に応じて「定義」は改定されている．これからもより安定した定義法を求めて改定されていくであろ

う.接頭語の併用も含めて,SIはこういう開放的な構造をもっている.メートル法運動の精神を受け継ぐSIの目的は単位使用の国際的に斉一な環境を形成することにある.この枠組みの普及に重要な意義があるのであって,その内容は科学技術の動向に連動してこれからも改変されていくものである.

定義を改定する場合にもその時点での測定精度の範囲内では新旧の定義における数値が一致するように数字を継承するようにしている.これは生きた現実社会に混乱を与えないためである.その一方,定義の改定で科学・技術的にはより先に進むことが可能になる.こうした社会技術の改定は,歴史的には暦改定で経験してきたことであり,それの単位への拡大版といえる.

1.4 測定技術の進展

SIの基本的な枠組みはあくまでも測定による数字化の「規則」であって,物理量をある数字に固定する取り決めではない.国際条約である「規則」と実際の物理現象との関係は,諸研究機関での測定実験の進展を踏まえて,科学技術データ委員会(CODATA: Committee on Data for Science and Technology)を通じて総合的に調整されている[2].物理定数の表などはここが定期的に改訂して発行している.CODATAは国際科学会議(ICSU: International Council for Science)の分野にまたがる委員会の1つである.ICSUは国際純粋・応用物理学連合(IUPAP)などの国際学会の連合体である.CODATAは17の国際学会と24の国・地域からの代表で構成されて運営されている.

物理定数の測定には多くの確立した物理法則が用いられる.しかし原子レベルなどの非相対論的量子力学の計算式は近年の測定精度には不十分であり,原子核の有限サイズ効果や量子電磁力学(QED)効果の補正をした数式を用いる必要があり,そこには多くの場合,計算モデル上の不確かさがのこる.こういう不確かさが混入しない関係として,近年は,量子ホール効果やジョセフソン効果が注目されている.このように,プランク定数,電子の電荷や質量などの基本物理定数がまず測定され,それらから磁束の量子化単位などが決まるのではなく,逆に,後者からプランク定数の測定値が改良されているのである.もちろんプランク定数は多くの現象に顔を出すから総括的な調整がなされてい

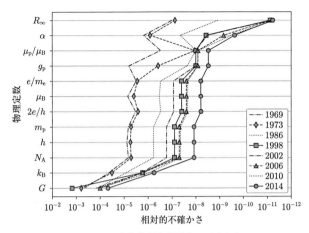

図 1.1 おもな物理定数測定の不確かさ.

る．しかし基本物理定数の測定精度にばらつきがあると，全体の精度向上を妨げることになる．

おもな基本物理定数の測定の精度あるいは不確かさのばらつきを図 1.1 に示した．測定技術の向上で改善されたものとあまり変わらないものがある．精度の悪い劣等生は重力定数 G である．重力現象は巨視的対象しかないから 10^{-4} 程度と悪いのである．つぎに悪いのは熱現象のボルツマン定数 k_B であり 10^{-6} 程度である．他方，優等生はリドベルグ定数 R_∞ であり 10^{-11} を達成している．理由は R_∞ が絡んで決まる放射の振動数測定の精度が時間測定精度の向上で破格によいからである．過去における他の値の精度向上も時間測定精度が引っ張っている．この図 1.1 にあるその他の量の不確かさは 10^{-9} より大きい．

一方，これらの測定精度の実態を反映して，SI の基本単位の現実の精度はおおよそつぎのようになる；長さ 10^{-12}，質量 10^{-8}，時間 10^{-14}，電流 10^{-8}，温度 10^{-6}，物質量 10^{-6}，光度 10^{-3}．光度をエネルギー流の単位で表す絶対測定にはさまざまな検出器の効率が介在するために，精度が悪いのである．ここで概観した精度はあくまでも諸量の測定技術の跛行性を認識するためのものである．

不確かさについての状況は「単位を定義する現象」が新 SI によって改定さ

れたことにより変わる面もあり，その一端は第8章表8.2に示してある．

　一般に定義に使用されている原器や原子や光速や水などの時空的な恒常性は前提としている．しかし，たとえ時空的に変動したとしても，電子質量やプランク定数といった物理定数との相互関係を通してその変化は測定可能である（第6章6.1.6参照）．単位に絶対的な定義というのはなく，あくまでも相互の関係が定義されているのである．単位系はその相互関係を語るために人為的に定められた規則である．

1.5　メートル法から国際単位系SIへ

1.5.1　メートル条約までの歴史

　フランス革命では自由，平等，博愛という人類にとっての普遍的な原則が唱えられた．地域的な伝統や利害を超越した普遍性を追求する情熱が高まった．王様の足の大きさを長さの単位にするような恣意的なものでなく，人類にとって普遍的な長さの「定義」が求められた．当時，国際的な通商関係が拡大して，各国まちまちでない度量衡の単位を求める実用的な欲求も背景にあった．しかし互いに張り合うフランスや英国といった大国のいずれかの度量衡の慣習を全体に押し付けることはできない．多くのヨーロッパ先進国が採用するには，伝統を脱却した普遍的な存在に基礎を置く定義が求められたのである．

　1790年，タレーランはこういう提案をフランスの国会でした．普遍という高貴な理念と現実的効用の両面を備えたこの提案は採用されて動き出した．まず人類にとっての普遍存在としては地球の大きさが採用された．「赤道から北極までの子午線を実測してその距離の10^{-7}を1mとする」ために「実測」が行われた．実際には，地中海に面したバルセロナからパリを経て北海に面したダンケルクまでの距離を当時のフランスの長さの尺度（トワーズ）で三角測量によって実測した．日本で伊能忠敬がやったように地を這うようにして実測するわけで，6年を要する大プロジェクトだった．この距離と両端での緯度の差を用いて赤道から極までの距離が計算できる．緯度の差は例えば正午の太陽の高度（水平面との角度）から出せる．この長さを刻んだ初代のメートル原器がつくられたのは1799年であった．また$(10\,\text{cm})^3$の体積の水と同じ質量の1kgの

キログラム原器もつくられた．

この定義に決まる際にはつぎのような提案もあった．「赤道の距離の4000万分の1」と「(緯度45度での重力による)半周期が1秒となる振り子の長さ」である．前者は地球が球ならメートル法と同じであるが，実測の困難さで退けられた．タレーランが言及したのは後者の振り子の長さであった．もしこれが採用されていれば，重力加速度を $g = 9.8 \text{ m/s}^2$ として，

$$1 \text{ 秒} = \frac{T}{2} = \frac{\pi}{\omega} = \pi \sqrt{\frac{l}{g}} \tag{1.2}$$

から $l = g(1\text{ 秒})^2/\pi^2 \sim 9.8 \text{ m}/(3.14)^2 \sim 0.99 \text{ m}$ であるから，"1 m" は今より少し小さかったことになる．しかしこの提案は秒を定義する正確・安定な時計がないことで退けられた．

メートル法の原器は作成されたが，この普遍単位創造の情熱は冷めて40年以上放置されていた．政治情勢の変化もあったし，また十進法への乗換えへの抵抗も結構あったようだ．息を吹き返したのは1867年のパリ万博が契機であった．今度は初めから国際的な枠組みの形成を目指し，またメートル原器の長さの改良，原器の再製作などを行った．また，この時点までは地球や水という普遍的存在に「定義」の基礎をおいたが，これ以後は人工的な原器に定義の基礎を移した．こうした改善を経て，1875年には仏，英，米など17の国が加盟するBIPMを創立し，メートル条約が締結された．

1.5.2 新SIまでの歴史年表

ここではBIPMのSI冊子[3]を参考に歴史の概略を記しておく．

1799年　メートル原器とキログラム原器がパリの共和国古文書館に置かれる．

1832年　ガウスが「原器」での長さ，質量に天文学定義の秒を加えた3単位で物理科学の単位とすることを提案．地磁気を mm, g, sec の結合で表した．以来，ガウスとウェーバーは電磁現象をこの3単位で表す試みをした．

1874年　cm, g, sec の3単位と接頭語を用いる CGS 単位系を英国科学振興協会 (BAAS: British Association for the Advancement of Science) で採択し

た.

　1860年代,マクスウェルとトムソン(ケルビン卿)は電気,磁気の科学での単位の整理に精力を用いた.電磁気の応用が拡がるなかの1880年代,CGS単位の不便さが多く指摘されて,ohm, volt, ampere を実用単位として追加することを BAAS と国際電気会議(IEC: International Electrical Congress)が採択した.

　1875年　メートル条約,改良新原器製作方針.

　1889年　第1回 CGPM は改良新原器による m, kg と天文学定義の sec の3単位を基本単位とする MKS 単位系を採択.

　1901年　ジョルジによって力学的 MKS 単位系と電磁気の実用単位のいずれか1つの4基本単位系が提案される.これを国際電気標準会議(IEC: International Electrotechnical Committee),IUPAP などの国際機関が検討して,1939年に電気・磁気諮問委員会(CCEM: Comité Consultatif d'Èlectricite et Magnètisme)が MKS に ampere を加えた MKSA 単位系を提案し,1946年の CIPM で承認された.

　1954年の第10回 CGPM は MKS に ampere, kelvin, candela を加えて基本単位を6個にすることを採択し,1960年の第11回 CGPM でこの単位系の名称を SI(国際単位系)とした.また基本単位,組み立て単位,接頭語の使用などの枠組みが整った.1971年の第14回 CGPM において,mole を加えて7つの基本単位(時間,長さ,質量,電流,温度,物質量,光度)からなる現行の SI が完成した.

　1967年,時間の定義が天文学秒からセシウム133原子での遷移を基礎にするものに変わった.長さの定義は,1960年にメートル原器からクリプトン86のスペクトル線の波長を基礎にするように変わった後,1983年に光の進む距離によるものに変わった.

　1999年の第21回 CGPM はキログラム原器にかわる質量の再定義を目指すことを確認し,2011年の第24回 CGPM で現行の7つの基本単位は維持しつつ,7つの物理定数(セシウム周波数,光速,プランク定数,素電荷,ボルツマン定数,アボガドロ定数,発光効率)の数値を定義して基本単位を定義する方向をきめ,2018年の新 SI へ改定の準備に入った.

1.6 キログラム原器の廃止と量子SIの単位系へ

　長さのメートル原器，質量のキログラム原器，天文学定義の時間を3つの基本単位(MKS)とした1889年以来の単位の体系は，約130年を経た2018年に，新SIの単位系へと大きな改定がなされることとなった．この「改定」を促したのは理工学の巨大な進展，すなわち，対象とする現象の拡大と測定技術の進歩である．当初のMKSはマクロな力学現象を念頭に置いていたが，その後，熱，電磁気，原子，放射への「現象の拡大」があり，また測定技術の進歩には，レーザー光や超伝導のような新現象の制御，ナノテクノロジー，データ解析の情報処理能力の向上がある．特に，当初，熱現象は原子・分子の運動の集団的振る舞いとして記述されたが，電磁気・光学・原子内部現象の密接な関連を記述する量子力学の成立によって，20世紀後半にはミクロな世界をも制御する予期せぬ飛躍的な進歩があった．こうした予期せぬ変貌を遂げる理工学のインフラとしての単位系に要請される要件は，安定性・普及性と先端技術から遊離しない先端性である．互いに矛盾する要請でもあり，「改定」には慎重な考慮を要する．単位系は「定義(definition)」と「現示(realization)」からなる．「定義」は理工的現象を記述する学術用語としての約束事の面があり，安定性・普及性を考慮するとあまり頻繁に変わらないことが要請される．一方，mやkgといった基本単位は「用語」の「定義」であると同時に，その「定義」は実現可能な基準現象を指定する「現示」を伴わねばならない．さらに，この「現示」は先端の測定技術の研究開発と普及で測定精度が向上していく進展に即応したものでなければならない．

　「現示」の具体的なかたちとしては，(A)人工物，(B)特定の自然物，(C)自然現象の普遍的定数の3種類があるが，当初のMKSではメートル原器とキログラム原器は(A)であり，天文学時間は特定の自然物(地球)の現象だから(B)であった．2018年改定前のSIでは，(A)としてキログラム原器，(B)としてはCs原子の特定の遷移，電流間にはたらく力，水の3重点，炭素12原子の物質量，人間の可視光強度，(C)としては光速があった．当初からの大きな改定は時間の「現示」を天文現象に代え精度の観点から原子時計にしたことであ

る．その後も原子時計の精度の向上は著しく測定技術全体を引っ張っている．そして光速に定義値を与えて長さを定義するので，sとmは堅固な基礎を得ている．

それにひきかえ，(A)のままであるキログラム原器の変性が進行して「不変な基準」という役割が果たせず，現代の測定技術の精度向上に即応できなくなっていた．質量は長さ・時間とともに力学と電磁気学を結ぶエネルギーの次元を規定しており，キログラム原器の不確かさは電磁気量の単位にも伝搬することになる．一方，電磁気学には電流，電圧，抵抗のあいだの関係という力学と直接関係しない現象もある．さらに，マクロな量子現象を利用したこれらの現象の測定精度が飛躍的に向上した．この進展は電磁気学の力学との関係にも変化をもたらしている．今回の改定はこの矛盾を「質量をプランク定数で定義する」という量子SIともいうべき単位系へ大きく飛躍して乗り越えようとするものである．この質量の定義の改定にともなって，第3章で述べるように，電磁気，物質量，熱力学でもできるだけ(C)に基礎を置くように改定されることとなったのである．

1.7 SI単位の実施体制

日本政府はSI国際条約に加盟し，それを推進する国内措置として，計量法という法律を制定し，専門技術的には産業技術総合研究所(産総研)の計量標準総合センター(つくば市)がこの職務を行っている．そのミッションは「我が国経済活動の国際市場での円滑な発展を担保するため，計量標準及び法定計量に関する一貫した施策を策定し，計量の標準の設定，計量器の検定，検査，研究及び開発並びにこれらに関連する業務，並びに計量に関する教習を行う．その際，メートル条約及び国際法定計量機関を設立する条約のもと，計量標準と法定計量に関する国際活動において我が国を代表する職務を果たす．」(産総研第1期中期計画【計量の標準】別表3)としている．

このセンターのHP (https://www.nmij.jp/)はSI単位についての多くの情報を提供している．基本単位の測定技術の現状やメートル条約関係の現状を知ることができる[4]．

1.7 SI 単位の実施体制 — 13

またパリの BIPM の HP (https://www.bipm.org/) では，SI 冊子 (Brochure) の pdf が入手できる [3]．HP によると 2018 年 3 月 23 日現在でのメートル条約加盟国はつぎの 59，準加盟国はつぎの 42 である．準加盟国制度は 1999 年につくられた．

加盟国；Argentina, Australia, Austria, Belgium, Brazil, Bulgaria, Canada, Chile, China, Colombia, Croatia, Czech Republic, Denmark, Egypt, Finland, France, Germany, Greece, Hungary, India, Indonesia, Iran (Islamic Rep. of), Iraq, Ireland, Israel, Italy, Japan, Kazakhstan, Kenya, Korea (Rep. of), Lithuania, Malaysia, Mexico, Montenegro, Netherlands, New Zealand, Norway, Pakistan, Poland, Portugal, Romania, Russian Federation, Saudi Arabia, Serbia, Singapore, Slovakia, Solvenia, South Africa, Spain, Sweden, Switzerland, Thailand, Tunisia, Turkey, United Arab Emirates, United Kingdom, United States of America, Uruguay, Venezuela (Bolivarian Rep. of).

準加盟国：Albania, Azerbaijan, Bangladesh, Belarus, Bolivia, Bosnia and Herzegovina, Botswana, CARICOM, Chinese Taipei, Costa Rica, Cuba, Ecuador, Estonia, Ethiopia, Georgia, Ghana, Hong Kong (China), Jamaica, Kuwait, Latvia, Luxembourg, Macedonia (fmr Yugoslav Rep. of), Malta, Maurtius, Moldova (Rep. of), Mongolia, Namibia, Oman, Panama, Paraguay, Peru, Philippines, Qatar, Seychelles, Sri Lanka, Sudan, Syrian Arab Republic, Tanzania (United Rep. of), Ukraine, Viet Nam, Zambia, Zimbabwe

BIPM (国際度量衡局) は CGPM (国際度量衡総会) と CIPM (国際度量衡委員会) の執行機関であるが，専門的な事項の検討はつぎの 10 の諮問委員会で行っている；電気・磁気諮問委員会 (CCEM)，測光・放射測定諮問委員会 (CCPR)，測温諮問委員会 (CCT)，長さ諮問委員会 (CCL)，時間・周波数諮問委員会 (CCTF)，放射線諮問委員会 (CCRI)，単位諮問委員会 (CCU)，質量関連量諮問委員会 (CCM)，物質量諮問委員会 (CCQM)，音響・超音波・振動諮問委員会 (CCAUV)．

2
国際単位系 SI

単位系の標準化を目的とする SI という国際的な制度,あるいは国際的なシステムは,単位系の定義とその普及をはかる制度から成り立っている.

2.1 SI の 3 つの柱

SI はつぎのような 3 種類の規則から構成される.
 (1) 名称,表記法
 (2) 単位を決める現象の特定
 (3) 使用の遵守義務

(1)については,本章ではまず基本単位(base unit)と組み立て単位(derived unit)の名称について述べ,その後に接頭語などの表記法について触れる.電磁気学では単位系の差によって方程式の表記も異なってくる.SI ではいわゆるガウス単位系を採用していないが,現在でも物理学ではこの単位系での方程式の表記が多く見られ,学習の妨げにもなっている.電磁気学の単位系と表記法については第 4 章と第 5 章で詳しくとりあげる.

(2)の「単位を決める現象」についてはつぎの第 3 章で述べる.これには何を「基本単位」にするかと,それをどの「現象」に結びつけるかの 2 つの課題がある.前者は対象とする現象に関する法則観や技術界の実態に関係しており,後者は測定技術の進歩と関係している.第 1 章に見たようにその歴史的変遷もこの 2 つの面での進展と関連するもので,今後とも時代の進展にともなって変遷していくものであろう.

(3)は SI の普及をはかる制度についてであり,「遵守義務」は法律に係わる

ことだから各国の法令の話になる．日本の計量法については本章2.3節に記した．もちろん，研究情報，調査，工業製品，通商などでの国際的交流の便宜のためにSIは存在している．だから国内法規はこれの推進のための実施要綱であるべきである．しかし，各国の歴史的事情などを反映してどの程度に強制力をもつ法令にするかは各国の主権で決まっている．たとえば，米国はSIの国際条約には加盟しているが，まだマイル，ポンド，ガロンといった単位系の使用が社会生活でも工業界でも主流である．

単位の規則は，表記法などを通じて，物理「学」の進展には関係しているが，物理的現象の解明とは別ものである．あくまでも何を単位として採用するかの「規則」である．一方，採用された単位系で電子の質量や電荷がいかなる数値になるかという，自然現象を測定して得られる「物理定数」の数値の決定は，一応単位の規則とは別の課題である．この物理定数の採用値を研究状況を踏まえて国際的に調整・管理しているのはCODATA基礎定数作業部会(Task Group on Fundamental Constants)と呼ばれる組織である[2]．このように「単位規則」と「測定値」は一応別の概念であるが，測定技術の状況を反映して両者は現実には強く関連している．CODATAが提示している物理定数の一端については第8章に一部を示した．

2.2 基本単位と組み立て単位

2.2.1 基本単位

SIが統一的使用を推奨している単位は，この「基本単位」とつぎの「組み立て単位」である．このうち，その定義を物理現象で行っているものが「基本単位」であり，その定義については第3章で述べる．「組み立て単位」と物理現象の関係は間接的である．

1971年以来，SIでは表2.1の7つが基本単位として採用されている．メートル法は長さと質量の2つの基本単位ではじまったが，1875年のメートル条約時にはそれまで天文学(暦)の分野だった時間を加えた3つの基本単位のMKS単位系が成立した．電磁気学の進展に即応してMKSにアンペアを加えたMKSA単位系が1901年に提案された．1954年にこの4つにケルビンとカ

表 2.1　SI 単位の基本単位

基本量	名称	記号
長さ	メートル (metre)	m
質量	キログラム (kilogram)	kg
時間	秒 (second)	s
電流	アンペア (ampere)	A
熱力学温度	ケルビン (kelvin)	K
物質量	モル (mole)	mol
光度	カンデラ (candela)	cd

表 2.2　固有の名称をもつ組み立て単位

量	名称	記号	他の単位での表わし方
平面角	ラジアン (radian)	rad	$m\,m^{-1}$
立体角	ステラジアン (steradian)	sr	$m^2\,m^{-2}$
周波数	ヘルツ (hertz)	Hz	s^{-1}
力	ニュートン (newton)	N	$m\,kg\,s^{-2}$
圧力, 応力	パスカル (pascal)	Pa	N/m^2
エネルギー, 仕事, 熱量	ジュール (joule)	J	$N\,m$
工率(仕事率), 放射束	ワット (watt)	W	J/s
電荷, 電気量	クーロン (coulomb)	C	$s\,A$
電位差(電圧), 起電力	ボルト (volt)	V	W/A
静電容量	ファラド (farad)	F	C/V
電気抵抗	オーム (ohm)	Ω	V/A
コンダクタンス	ジーメンス (siemens)	S	Ω^{-1}
磁束	ウェーバ (weber)	Wb	$V\,s$
磁束密度	テスラ (tesla)	T	Wb/m^2
インダクタンス	ヘンリー (henry)	H	Wb/A
セルシウス温度	セルシウス度 (degree Celsius)	℃	K
光束	ルーメン (lumen)	lm	$cd\,sr$
照度	ルクス (lux)	lx	lm/m^2
(放射性核種の)放射能	ベクレル (becquerel)	Bq	s^{-1}
吸収線量	グレイ (gray)	Gy	J/kg
線量当量	シーベルト (sievert)	Sv	J/kg
酵素活性	カタール (katal)*	kat	$mol\,s^{-1}$

*　医薬・臨床化学分野で用いられる．単位の並存による混乱を避けるため，SI 単位と一貫性をもつ統一単位として 1999 年の改定で導入された．

表 2.3 基本単位と組み立て単位に登場する人物

基本単位	人名(生没年, 国)
アンペア	A.-M. Ampère 1775-1836 フランス
ケルビン	Lord Kelvin (W. Thomson) 1824-1907 イギリス

組み立て単位	人名(生没年, 国)
ヘルツ	H.R. Hertz 1857-1894 ドイツ
ニュートン	I. Newton 1642-1727 イギリス
パスカル	B. Pascal 1623-1662 フランス
ジュール	J.P. Joule 1818-1889 イギリス
ワット	J. Watt 1736-1819 イギリス
クーロン	C.A. de Coulomb 1736-1806 フランス
ボルト	A. Volta 1745-1827 イタリア
ファラド	M. Faraday 1791-1867 イギリス
オーム	G.S. Ohm 1789-1854 ドイツ
ジーメンス	E.W. von Siemens 1816-1892 ドイツ
ウェーバ	W.E. Weber 1804-1891 ドイツ
テスラ	N. Tesla 1856-1943 クロアチア(アメリカ)
ヘンリー	J. Henry 1797-1878 アメリカ
セルシウス	A. Celsius 1701-1744 スウェーデン
ベクレル	A.H. Becquerel 1852-1908 フランス
グレイ	L.H. Gray 1905-1965 イギリス
シーベルト	R.M. Sievert 1896-1966 スウェーデン
(ベル)	A.G. Bell 1847-1922 アメリカ

ンデラを加えた6つを基本単位とするSI単位が正式に成立した．1971年に基本単位としてモルが追加されて7基本単位となった．さらに2018年には「質量，電流，温度，物質量」を「定義する現象」が原子を含む基本物理定数を基準にする方向に改定された．これについては第3章で記す．

2.2.2 組み立て単位と「一貫性」

産業別，研究領域ごとにばらばらであった多くの単位をSIの視点で合理的に統一したのがこの組み立て単位である．「組み立て単位」は「基本単位」の乗除(掛け算と割り算)で組み立てられる単位である．表2.2のように固有の名称を与えられた「組み立て単位」もある．いずれにせよ乗除のさいの数係数は"1"である．「数係数が1のもの」であるために単位の変換が容易であり，合理的であるといえる．これは「一貫性(coherence)」の原則と呼ばれて

表 2.4　数値の桁を表わす接頭語

係数	名称	記号	係数	名称	記号
10^{24}	yotta(ヨタ)	Y	10^{-24}	yocto(ヨクト)	y
10^{21}	zetta(ゼタ)	Z	10^{-21}	zepto(ゼプト)	z
10^{18}	exa(エクサ)	E	10^{-18}	atto(アト)	a
10^{15}	peta(ペタ)	P	10^{-15}	femto(フェムト)	f
10^{12}	tera(テラ)	T	10^{-12}	pico(ピコ)	p
10^{9}	giga(ギガ)	G	10^{-9}	nano(ナノ)	n
10^{6}	mega(メガ)	M	10^{-6}	micro(マイクロ)	μ
10^{3}	kilo(キロ)	k	10^{-3}	milli(ミリ)	m
10^{2}	hecto(ヘクト)	h	10^{-2}	centi(センチ)	c
10^{1}	deca(デカ)	da	10^{-1}	deci(デシ)	d

いる．この原則のために，従来の単位との変換には数係数が必要になるが，「一貫性」の合理性を貫いて，従来の単位の使用を抑制して SI の普及を図る方策の1つであるともいえる．

　「基本単位」と「組み立て単位」の名称として登場する人物の国，生没年を表2.3に示した．「基本単位」と「組み立て単位」の単位名の英語表記は，人名に由来するものでも，すべて小文字を用いる．ただし表に見るように「セルシウス度」は例外で Celsius は単位名 degree の修飾詞の扱いとされている．

2.2.3　接頭語(prefix)

　SI の合理的な一面はこの接頭語の使用にある(表2.4参照)．当初(1960年)は 10^{-12}, 10^{12} までだったが，1964年には 10^{-15}, 10^{-18}, 1975年には 10^{15}, 10^{18}, 1991年には 10^{21}, 10^{24}, 10^{-21}, 10^{-24} が追加された．これらの名称は仏語，英語の慣行を出発点にしているが，日常的には使用しない極端な数値については人工的に決めた．いずれの場合もラテン語かギリシャ語に由来している．例えば「デシ」「センチ」「ミリ」はラテン語系，「デカ」「ヘクト」「キロ」はギリシャ語系である．

2.2.4　SI と併用される単位

　SI の規則では例外とされているが，多用されているので SI で定義した方がよいと判断されたものが「SI と併用される単位」である．表2.5の量は SI か

表 2.5 SI と併用される単位で数値が SI からの換算で得られるもの

量	名 称	記号	SI 単位による数値
時 間	分 (minute)	min	$1\,\mathrm{min} = 60\,\mathrm{s}$
	時 (hour)	h	$1\,\mathrm{h} = 60\,\mathrm{min}$
	日 (day)	d	$1\,\mathrm{d} = 24\,\mathrm{h}$
角 度	度 (degree)	°	$1° = (\pi/180)\,\mathrm{rad}$
	分 (minute)	′	$1' = (1/60)°$
	秒 (second)	″	$1'' = (1/60)'$
体 積	リットル (litre)	l, L	$1\,\mathrm{l} = 10^{-3}\,\mathrm{m}^3$
質 量	トン (tonne)	t	$1\,\mathrm{t} = 10^3\,\mathrm{kg}$

表 2.6 SI と併用される単位で数値が実験的に得られるもの

名 称	記号	SI 単位による数値
電子ボルト (electronvolt)	eV	$1\,\mathrm{eV} = 1.602\,176\,634 \times 10^{-19}\,\mathrm{J}$
統一原子質量単位	u	$1\,\mathrm{u} = 1.660\,539\,066\,60(50) \times 10^{-27}\,\mathrm{kg}$
天文単位	au	$1\,\mathrm{au} = 149\,597\,870\,700\,\mathrm{m}$ (定義値)

表 2.7 他の非 SI 単位

量	名称	記号	SI 単位における数値
圧力	バール	bar	$1\,\mathrm{bar} = 10^5\,\mathrm{Pa}$
	水銀柱ミリメートル	mmHg	$1\,\mathrm{mmHg} \approx 133.322\,\mathrm{Pa}$
面積	バーン	b	$1\,\mathrm{b} = 10^{-28}\,\mathrm{m}^2$
対数的比*	ネーパー	Np	
	ベル	B	
	デシベル	dB	$1\,\mathrm{dB} = 0.1\,\mathrm{B}$

* 振幅 A やその 2 乗に比例するパワー P などの比の対数表示における単位である. $L_A = \ln(A/A_0)\,\mathrm{Np} = \log(A/A_0)^2\,\mathrm{B}$, $L_P = \ln(P/P_0)^{1/2}\,\mathrm{Np} = \log(P/P_0)\,\mathrm{B}$. ここで A_0, P_0 はそれぞれの基準量, $\ln = \log_e$, $\log = \log_{10}$ はそれぞれ底が e (ネイピア数), 10 の対数関数である.

ら換算で与えられるものである. 例えば,「日 (day)」のこの定義は地球の自転とは無関係な定義となる. 表 2.6 の量は物理現象の測定で定義されるものである. 電子ボルトは電子が 1 ボルトの電位差で得るエネルギー, 統一原子質量単位は炭素 12 原子の質量の 1/12, 天文単位は地球-太陽間の (平均) 距離に由来するが, 2014 年からは定義値となっている. 表 2.7 はその他の非 SI 単位である.

2.2.5 書式，表記
単位記号

物理量は普通は斜体文字(イタリック)で書かれるが，単位記号には立体文字(ローマン，upright)の小文字(lower case)を使う．ただし人名などの固有名詞に由来する単位名では大文字(capital)を使う．例：F, C, S, Ω, V, J, N, W, Hz, Wb, Pa, Gy, Sv, Bq (リットルは人名でないが数字の1とまぎらわしいのでL)

しかしその場合も単位名を表すには小文字を使う．例：記号では「100 V」だが，単位名では「100 volt」となる．(ただし欧文で先頭語の場合は大文字)
例外：摂氏は degree Celsius と書く．

単位記号は複数形も変えない．英文でも複数のsをつけない．また，省略の意味でのピリオドをつけない．

数字と単位記号のあいだにはスペースを入れる．また3-mmのような書式は誤り．

単位記号と代数記号

複数の単位の組み合わせの場合は中マル印(half-high dots)またはスペースを入れる．例：N·m, N m

割り算を含む場合は斜線(solidus, oblique stroke)，分数(horizontal line)，負の冪数を使う．例：m/s, $\dfrac{m}{s}$, m·s^{-1}

単位の名前と代数記号を混合して使ってはならない．例：metre/second, metre second^{-1}, newton·second は誤り．積の場合は newton metre または newton-metre のように書く．

斜線を複数使うことはしない．括弧を使って誤解が起きないようにできる場合は複数使用も許される．例：m/s^2, m·s^{-2}, ただし m/s/s は誤り．m·kg/(s^3·A), m·kg·s^{-3}·A^{-1}, ただし m·kg/s^3/A や m·kg/s^3·A は誤り．

接頭語

接頭語記号は立体で書き，単位記号とのあいだにはスペースを入れない．メガ(10^6)以上は大文字，それ以下は小文字を使う．接頭語を省略なしで書く場

合は小文字を使う．例：megahertz は正しいが，Megahertz や Mhertz は誤り．

接頭語の付いた単位記号は接頭語無しの単位(inseparable units)記号に直して 10 の冪数を付けて表せる．例：$100\,\mathrm{V/cm} = 100\,\mathrm{V}/(10^{-2}\,\mathrm{m}) = 10^4\,\mathrm{V/m}$

接頭語を複数回重ねることは許されない．例：1 nm を 1 mμm と書くのは誤り．kg では g をもとに接頭語をつける．例：1 kkg は誤りで，1 Mg と書く．

接頭語だけ独立して使うのは誤り．例：$10^6\,/\mathrm{m}^3$ を $\mathrm{M/m}^3$ と書くのは誤り．

桁の大きい数字を書く場合に位取りのカンマは入れない方がいい．スペースを入れる方が推奨される．

2.3 計 量 法

2.3.1 法定単位制定と計量器検定

日本政府は SI 国際条約に加盟してそれを推進するために，国内措置として計量法という法律をつくって施行している．特に 1993 年の改正を経て計量機器は SI の単位に統一された．計量法の所管は経済産業省であり，法定計量単位の制定とともにその実施にかかわる計量器の製造・修理・販売の事業者に対する検定・指導・監督を行っている．例えば，特定計量器に指定されている 18 品目の計量器(タクシーメーター，質量計(分銅等)，温度計，圧力計，体積計(水道メーター等)，積算熱量計，電力量計，照度計，騒音計，振動レベル計など)は検定に合格しなければならない．「国家標準」を産総研が管理し，校正事業者の「2 次標準」の校正を行い，一般事業者の業務に応じた「実用標準」で校正が行われる．

法律と聞くと「強制」や「罰則」を連想するが，SI と法律の関係はいかなるものかを以下にみておく．計量行政で用いる単位にふれた「新計量法と SI 化の進め方」(通商産業省 SI 単位等普及推進委員会，平成 11 年(1999 年) 3 月発行)を参考にする．

計量法には

(イ)「法定計量単位」を公文書などの一定の「取引または証明」に義務付

(ロ) 計量機器の販売管理，検査，等の規制・管理

の 2 つの内容がある．このうち(ロ)については，「取引または証明」と「消費

者の生活用」の2分野について少し違う，製造，修理，販売等の規制・管理の仕組みが定められている．さらに1994年改定では，先端技術分野を中心とした高精度の計量に対応するため国家計量標準と繋がりのある計量器の使用が求められるようになり，計量標準供給制度(トレーサビリティ制度)が創設された．

上記(イ)の「法定計量単位」と「使用義務(非法定計量単位の使用が禁止)」について見ていく．法定計量単位は「取引または証明」，産業，学術，日常生活の分野で計量が重要となる「物象の状態の量」について定めている．それらは「SI単位を基準にするもの」72と，その他17に分けられ，「使用義務」は前者の量について重く定められている．使用が義務的になる場面は「取引または証明」である．ここで「取引」とは，有償であると無償であるとを問わず，物または役務の給付を目的とする業務上の行為をいい，「証明」とは，公にまたは業務上他人に，一定の事実が真実である旨を表明することをいう．

「取引における計量」とは契約の両当事者が，その面前で，ある計量器を用いて一定の物象の状態の量の計量を行い，その計量の結果が契約の要件となる計量をいう．(工程管理等，内部的な行為にとどまり，外部に表明されない計量や契約の要件にならない計量は含まれない)

また「証明」の記述にある，「公に」とは，公機関が，または公機関に対し，である．「業務上」とは，継続的，反復的であること，「一定の事実」とは，一定のものが一定の物象の状態の量を有するという事実(特定の数値までを必ず含むことを有するを要するものでなく，ある一定の水準に達したか達していないかという事実も含まれる)，「真実である旨を表明すること」とは，真実であることについて一定の法的責任等を伴って表明すること(参考値を示すなど，単なる事実の表明は該当しない)．例えば文書類についていえば，「義務」的なのは，契約書，仕様書，性能証明書，官公庁への提出書類，「義務」的でないものは，取扱説明書，カタログ，広告類，契約書に添付する参考資料等である．こうした法改正をうけて日本規格協会のJIS規格の表示もSIの単位に改定されている．

2.3.2 法定計量単位

法定計量単位の規定ではSI単位を基本にしているが，SI単位のない量の非

表 2.8　SI 単位にかかわる計量単位

物象の状態の量		計　量　単　位　（記号）
基本	1. 長さ	メートル (m)
	2. 質量	キログラム (kg)，グラム (g)，トン (t)
	3. 時間	秒 (s)，分 (min)，時 (h)
	4. 電流	アンペア (A)
	5. 温度	ケルビン (K)，セルシウス度または度 (℃)
	6. 物質量	モル (mol)
	7. 光度	カンデラ (cd)
空間・時間関連	8. 角度	ラジアン (rad)，度 (°)，分 (′)，秒 (″)
	9. 立体角	ステラジアン (sr)
	10. 面積	平方メートル (m^2)
	11. 体積	立方メートル (m^3)，リットル (l または L)
	12. 角速度	ラジアン毎秒 (rad/s)
	13. 角加速度	ラジアン毎秒毎秒 (rad/s^2)
	14. 速さ	メートル毎秒 (m/s)，メートル毎時 (m/h)
	15. 加速度	メートル毎秒毎秒 (m/s^2)
	16. 周波数	ヘルツ (Hz)
	17. 回転速度	毎秒 (s^{-1})，毎分 (min^{-1})，毎時 (h^{-1})
	18. 波数	毎メートル (m^{-1})
力学関連	19. 密度	キログラム毎立方メートル (kg/m^3)，グラム毎立方メートル (g/m^3)，グラム毎リットル (g/l または g/L)
	20. 力	ニュートン (N)
	21. 力のモーメント	ニュートンメートル (N·m)
	22. 圧力	パスカル (Pa)，ニュートン毎平方メートル (N/m^2)，バール (bar)
	23. 応力	パスカル (Pa)，ニュートン毎平方メートル (N/m^2)
	24. 粘度	パスカル秒 (Pa·s)，ニュートン秒毎平方メートル ($N·s/m^2$)
	25. 動粘度	平方メートル毎秒 (m^2/s)
	26. 仕事	ジュール (J)，ワット秒 (W·s)，ワット時 (W·h)
	27. 工率 (仕事率)	ワット (W)
	28. 質量流量	キログラム毎秒 (kg/s)，キログラム毎分 (kg/min)，キログラム毎時 (kg/h)，グラム毎秒 (g/s)，グラム毎分 (g/min)，グラム毎時 (g/h)，トン毎秒 (t/s)，トン毎分 (t/min)，トン毎時 (t/h)
	29. 流量	立方メートル毎秒 (m^3/s)，立方メートル毎分 (m^3/min)，立方メートル毎時 (m^3/h)，リットル毎秒 (l/s または L/s)，リットル毎分 (l/min または L/min)，リットル毎時 (l/h または L/h)
	61. 振動加速度レベル*	―
熱関連	30. 熱量	ジュール (J)，ワット秒 (W·s)，ワット時 (W·h)
	31. 熱伝導率	ワット毎メートル毎ケルビン (W/(m·K))，ワット毎メートル毎度 (W/(m·℃))
	32. 比熱容量	ジュール毎キログラム毎ケルビン (J/(kg·K))，ジュール毎キログラム毎度 (J/(kg·℃))
	33. エントロピー	ジュール毎ケルビン (J/K)

注 1：* 印の量については，SI 単位にはないが，表 2.9 に示す非 SI 単位が法定計量単位として定められている。
注 2：物象の状態の量の左側に付されている番号は，計量法第 2 条に規定されている順番を示す。

	物象の状態の量	計 量 単 位 （記号）
電気・磁気関連	34. 電気量	クーロン(C)
	35. 電界の強さ	ボルト毎メートル(V/m)
	36. 電圧	ボルト(V)
	37. 起電力	ボルト(V)
	38. 静電容量	ファラド(F)
	39. 磁界の強さ	アンペア毎メートル(A/m)
	40. 起磁力	アンペア(A)
	41. 磁束密度	テスラ(T)，ウェーバ毎平方メートル(Wb/m^2)
	42. 磁束	ウェーバ(Wb)
	43. インダクタンス	ヘンリー(H)
	44. 電気抵抗	オーム(Ω)
	45. 電気のコンダクタンス	ジーメンス(S)
	46. インピーダンス	オーム(Ω)
	47. 電力	ワット(W)
	48. 無効電力 *	―
	49. 皮相電力 *	―
	50. 電力量	ジュール(J)，ワット秒(W·s)，ワット時(W·h)
	51. 無効電力量 *	―
	52. 皮相電力量 *	―
	53. 電磁波の減衰量 *	―
	54. 電磁波の電力密度	ワット毎平方メートル(W/m^2)
光・放射・放射線関連	55. 放射強度	ワット毎ステラジアン(W/sr)
	56. 光束	ルーメン(lm)
	57. 輝度	カンデラ毎平方メートル(cd/m^2)
	58. 照度	ルクス(lx)
	63. 中性子放出率	毎秒(s^{-1})，毎分(min^{-1})
	64. 放射能	ベクレル(Bq)，キュリー(Ci)
	65. 吸収線量	グレイ(Gy)，ラド(rad)
	66. 吸収線量率	グレイ毎秒(Gy/s)，グレイ毎分(Gy/min)，グレイ毎時(Gy/h)，ラド毎秒(rad/s)，ラド毎分(rad/min)，ラド毎時(rad/h)
	67. カーマ	グレイ(Gy)
	68. カーマ率	グレイ毎秒(Gy/s)，グレイ毎分(Gy/min)，グレイ毎時(Gy/h)
	69. 照射線量	クーロン毎キログラム(C/kg)，レントゲン(R)
	70. 照射線量率	クーロン毎キログラム毎秒(C/(kg·s))，クーロン毎キログラム毎分(C/(kg·min))，クーロン毎キログラム毎時(C/(kg·h))，レントゲン毎秒(R/s)，レントゲン毎分(R/min)，レントゲン毎時(R/h)
	71. 線量当量	シーベルト(Sv)，レム(rem)
	72. 線量当量率	シーベルト毎秒(Sv/s)，シーベルト毎分(Sv/min)，シーベルト毎時(Sv/h)，レム毎秒(rem/s)，レム毎分(rem/min)，レム毎時(rem/h)
その他	59. 音響パワー	ワット(W)
	60. 音圧レベル *	―
	62. 濃度	モル毎立方メートル(mol/m^3)，モル毎リットル(mol/l または mol/L)，キログラム毎立方メートル(kg/m^3)，グラム毎立方メートル(g/m^3)，グラム毎リットル(g/l または g/L)

表 2.9 SI 単位のない量の非 SI 単位

物象の状態の量	計量単位(記号)
48. 無効電力	バール(var)
49. 皮相電力	ボルトアンペア(VA)
51. 無効電力量	バール秒(var·s)，バール時(var·h)
52. 皮相電力量	ボルトアンペア秒(VA·s)，ボルトアンペア時(VA·h)
53. 電磁波の減衰量	デシベル(dB)
60. 音圧レベル	デシベル(dB)
61. 振動加速度レベル	デシベル(dB)

表 2.10 SI 単位のある量の非 SI 単位

物象の状態の量	計量単位(記号)
17. 回転速度	回毎分(r/min または rpm)，回毎時(r/h または rph)
22. 圧力	気圧(atm)
24. 粘度	ポアズ(P)
25. 動粘度	ストークス(St)
62. 濃度	質量百分率(%)，質量千分率(‰)，質量百万分率(ppm)，質量十億分率(ppb)，体積百分率(vol% または %)，体積千分率(vol‰ または ‰)，体積百万分率(volppm または ppm)，体積十億分率(volppb または ppb)，ピーエッチ(pH)

SI 単位，SI 単位のある量の非 SI 単位，用途分野を限定する非 SI 単位，の例外を付け加えている．さらに法律施行後も一定の猶予期間を定めて使用する非 SI 単位も定められた．これは同時に使用を積極的に排除していく非 SI 単位を特定したことになっている．これらを表 2.8 から表 2.11 に示した．

この他に計量法には次の物象の状態の量 17 が含まれている．

繊度，比重，引張強さ，圧縮強さ，硬さ，衝撃値，粒度，耐火度，力率，屈折度，湿度，粒子フルエンス，粒子フルエンス率，エネルギーフルエンス，エネルギーフルエンス率，放射能面密度，放射能濃度

(1) SI 単位にかかわる計量単位(表 2.8)

SI 単位がある 65 量の法定計量単位である．平成 5 年(1993 年)の計量法改正で SI 単位への統一が強力に打ち出された．特に力，力のモーメント，圧力，応力，仕事，工率，熱量，熱伝導率，比熱容量の 9 つの量を表す産業界で使用されていたさまざまな重力単位系(工学単位系)をおのおの SI 単位の N，N·m，Pa，Pa または N/m^2，J，W，J，W/(m·℃)，J/(kg·℃) に転換する指導が

表 2.11 用途を限定する非 SI 単位

物象の状態の量	計量単位(記号)	用途
1. 長さ	海里(M または nm)	海面または空中における長さ
	オングストローム(Å)	電磁波,膜圧,表面の粗さ,結晶格子
2. 質量	カラット(ct)	宝石の質量
	もんめ(mom)	真珠の質量
	トロイオンス(oz)	金貨の質量
8. 角度	点(pt)	航海,航空
10. 面積	アール(a), ヘクタール(ha)	土地面積
11. 体積	トン(T)	船舶の体積
14. 速さ	ノット(kt)	航海,航空
15. 加速度	ガル(Gal), ミリガル(mGal)	重力加速度,地震
22. 圧力	トル(Torr), ミリトル(mTorr), マイクロトル(μTorr)	生体内の圧力
	水銀柱ミリメートル(mmHg)	血圧
30. 熱量	カロリー(cal), キロカロリー(kcal), メガカロリー(Mcal), ギガカロリー(Gcal)	栄養,代謝

行われた.

(2) SI 単位のない量の非 SI 単位(表 2.9)

「72 量」のうち 65 量については SI 計量単位が基本で,SI 単位のない 7 量に対して非 SI 単位で法定計量単位を定めている.同じく非 SI 単位である「17 量」との差は使用義務の差である.

(3) SI 単位のある量の非 SI 単位(表 2.10)

広く用いられており,その使用を禁止することで経済活動,国民生活に混乱を与えるおそれがあるため,法定計量単位として定めている.

(4) 用途を限定する非 SI 単位(表 2.11)

特定の分野において国内外で広く用いられているため,用途を限定して法定計量単位として認めている.したがって,定められた用途以外では非法定計量単位となる.例えば,真珠の質量を計るための「もんめ」単位の質量計は,一般の計器として販売することは許可されない.

(5) 猶予期限を定めた非 SI 単位(表 2.12)

1993 年の計量法改正前では法定計量単位として認めていたもので改正後に外れたものについて,急激な移行は混乱を招くとして廃止の猶予期間を定め

表 2.12 猶予期限を定めた非 SI 単位

物象の状態の量	計量単位(記号)	猶予期限	SI 単位(記号)	2 単位の換算関係
20. 力	ダイン(dyn)		ニュートン(N)	1 dyn = 10 μN
26. 仕事	エルグ(erg)		ジュール(J)	1 erg = 100 nJ
30. 熱量	重量キログラムメートル(kgf·m)	1995年9月30日	ジュール(J)	1 kgf·m ≒ 9.8 J
	エルグ(erg)			1 erg = 100 nJ
63. 中性子放出率	中性子毎秒(n/s) 中性子毎分(n/min)		毎秒(s^{-1})	1 n/s = 1 s^{-1}
64. 放射能	壊変毎秒(dps) 壊変毎分(dpm)		ベクレル(Bq)	1 dps = 1 Bq
1. 長さ	ミクロン(μ)		メートル(m)	1 μ = 1 μm
16. 周波数	サイクル(c) サイクル毎秒(c/s)		ヘルツ(Hz)	1 c = 1 c/s = 1 Hz
22. 圧力	トル(Torr)*		パスカル(Pa)	1 Torr ≒ 133 Pa
39. 磁界の強さ	アンペア回数毎メートル(AT/m)		アンペア毎メートル(A/m)	1 AT/m = 1 A/m
	エルステッド(Oe)	1997年9月30日		1 Oe ≒ 79 A/m
40. 起磁力	アンペア回数(AT)		アンペア(A)	1 AT = 1 A
41. 磁束密度	ガンマ(γ)		テスラ(T)	1 γ = 1 nT
	ガウス(G)			1 G = 100 μT
42. 磁束	マクスウェル(Mx)		ウェーバ(Wb)	1 Mx = 10 nWb
60. 音圧レベル	ホン		デシベル(dB)	1 ホン = 1 dB
62. 濃度	規定(N)		モル毎立方メートル(mol/m³)	—
20. 力	重量キログラム(kgf)		ニュートン(N)	1 kgf ≒ 9.8 N
	重量グラム(gf)			1 gf ≒ 9.8 mN
	重量トン(tf)			1 tf ≒ 9.8 kN
21. 力のモーメント	重量キログラムメートル(kgf·m)		ニュートンメートル(N·m)	1 kgf·m ≒ 9.8 N·m
22. 圧力	重量キログラム毎平方メートル(kgf/m²)		パスカル(Pa)	1 kgf/m² ≒ 9.8 Pa
	水銀柱メートル(mHg)**			1 mHg ≒ 133 kPa
	水柱メートル(mH₂O)	1999年9月30日		1 mH₂O ≒ 9.8 kPa
23. 応力	重量キログラム毎平方メートル(kgf/m²)		パスカル(Pa)	1 kgf/m² ≒ 9.8 Pa
26. 仕事	重量キログラムメートル(kgf·m)		ジュール(J)	1 kgf·m ≒ 9.8 J
27. 工率(仕事率)	重量キログラムメートル毎秒(kgf·m/s)		ワット(W)	1 kgf·m/s ≒ 9.8 W
30. 熱量	カロリー(cal)***		ジュール(J)	1 cal ≒ 4.2 J
31. 熱伝導率	カロリー毎秒毎メートル毎度(cal/(s·m·℃))		ワット毎メートル毎度(W/(m·℃))	1 cal/(s·m·℃) ≒ 4.2 W/(m·℃)
32. 比熱容量	カロリー毎キログラム毎度(cal/(kg·℃))		ジュール毎キログラム毎度(J/(kg·℃))	1 cal/(kg·℃) ≒ 4.2 J/(kg·℃)

備考:2 単位の換算関係における換算係数は次のとおり
   9.8→9.806 65 79→79.5774 133→133.322 4.2→4.186 05
 注:*-*** に関しては表 2.11 に規定する分野を除く

た．猶予期間は 1999 年までにすべて過ぎているが，かつて広く使われていたものの例とその SI への換算を載せておく．

ダイン(dyn, 1 dyn = 10 μN)，エルグ(erg, 1 erg = 100 nJ)，ミクロン(μ, 1 μ = 1 μm)，サイクル(c, 1 c = 1 c/s = 1 Hz)，ガンマ(γ, 1 γ = 1 nT)，ガウス(G, 1 G = 100 μT)，マクスウェル(Mx, 1 Mx = 10 nWb)，ホン(1 ホン = 1 dB)，など．

2.3.3 計量器に関する規制

計量法第 9 条第 1 項において「第 2 条第 1 項第 1 号に掲げる物象の状態の量の計量に使用する計量器であって非法定計量単位による目盛又は表記を付したものは，販売し，又は販売の目的で陳列してはならない．第 5 条第 2 項の政令で定める計量単位による目盛又は表記を付した計量器であって，専ら同項の政令で定める特殊の計量に使用するものとして経済産業省令で定めるもの以外のものについても，同様とする．」と，計量器に関する単位の規制が定められている．

これは 72 の物象の状態の量を計量する計量器については，非法定計量単位による目盛または表記を付したものの，販売及び販売のための陳列が禁止されていることを意味している．非法定計量単位による目盛または表記が付されているものは，法定計量単位が併記されているものも含めて販売することができない．

3

単位系を定義する現象

本章ではSI単位の定義と基本物理定数の測定に関係する物理現象について述べる．新SIでも表記に用いる7つの基本単位は変わらないが，これらの物理的な定義は「7つの物理定数に定義値を与える」ことで設定する新たな方式となった．そこでまず「基本単位を定義する7つの物理定数」に触れ，つぎに各基本単位の定義値に対する依存性について述べる．その後に，7つの基本単位の定義に関わる歴史的変遷を見ておく．最後に，新SIの動機となった，キログラム原器によらない質量の定義にプランク定数が登場する経緯について触れる．

3.1 基本単位と物理定数の定義値

「時間」，「長さ」，「質量」，「電流」，「熱力学温度」，「物質量」および「光度」の7つの基本単位(表2.1)は，7つの物理定数の定義値によってつぎのように決められている．物理定数の定義値は表8.1にまとめて示してある．そこには定義される物理定数の記号を記しているが，「真空中の光速」と「ボルツマン定数」については2通りの記号が併用されている．本書でも前後の関係で明確な場合は，c_0 や k_B でなく，c や k と記してある．

3.1.1 基本単位を定義する7つの定義値

(1) 時間 秒：s はセシウム ^{133}Cs 原子の非摂動基底状態の超微細分離振動数 $\Delta\nu_{Cs}$ を Hz＝s^{-1} の単位で 9 192 631 770 の定義値とすることで決まる．

(2) 長さ メートル：m は真空中の光速 c を m/s の単位で 299 792 458 の定

義値とすることで決まる．ここで s^{-1} は $\Delta\nu_{Cs}$ で定義されている．

(3) 質量 キログラム：kg はプランク定数 h を $Js=kg\ m^2\ s^{-1}$ の単位で $6.626\,070\,15 \times 10^{-34}$ の定義値とすることで決まる．ここで m と s は c と $\Delta\nu_{Cs}$ で定義されている．

(4) 電流 アンペア：A は素電荷 e を $C=A\ s$ の単位で $1.602\,176\,634 \times 10^{-19}$ の定義値とすることで決まる．ここで s は $\Delta\nu_{Cs}$ で定義されている．

(5) 温度 ケルビン：K はボルツマン定数 k を $J\ K^{-1}=kg\ m^2\ s^{-2}\ K^{-1}$ の単位で $1.380\,649 \times 10^{-23}$ の定義値とすることで決まる．ここで kg, m と s は h, c と $\Delta\nu_{Cs}$ で定義されている．

(6) 物質量 モル：mol はアボガドロ定数 N_A を mol^{-1} の単位で $6.022\,140\,76 \times 10^{23}$ の定義値とすることで決まる．物質量とは特定の基礎要素（原子，分子，イオン，電子，その他の粒子またはそのような粒子の集団）の量の単位である．

(7) 光度 カンデラ：cd は 540×10^{12} Hz の単色放射で所定の方向への発光効率 K_{cd} を $lm\ W^{-1}=cd\ sr\ W^{-1}=kg^{-1}\ m^{-2}\ s^3\ cd\ sr$ の単位で 683 の定義値とすることで決まる．ここで kg, m, s は h, c, $\Delta\nu_{Cs}$ で定義されている．

3.1.2 基本単位の定義値への依存関係

7つの定義値と7つの基本単位は1対1の関係にはない．そこでつぎに各基本単位がどの定義値に依存するかの関係をみておく．

(1) 基本単位 s を決めている定義値で表せば

$$1\,\text{Hz} = \frac{\Delta\nu_{Cs}}{9\,192\,631\,770} \quad \text{または} \quad 1\,\text{s} = \frac{9\,192\,631\,770}{\Delta\nu_{Cs}} \tag{3.1}$$

(2) 基本単位 m は[*1]

$$1\,\text{m} = \left(\frac{c}{299\,792\,458}\right)\text{s} = 30.663\,3189... \frac{c}{\Delta\nu_{Cs}} \tag{3.2}$$

(3) 基本単位 kg は

[*1] 2つの定義値の商 30.663 3189... は不確かさのない数値であり，必要に応じて何桁でも計算できる．

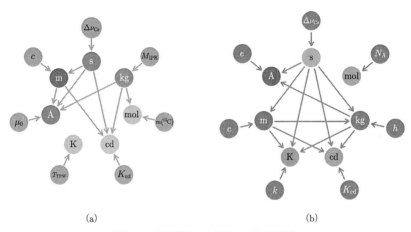

図 3.1 基本単位の定義値への依存性[4].
a は旧 SI, b は新 SI. 外側の円は定義値, 内側の円は基本単位を表し, 依存関係を矢印で示した.

$$1\,\text{kg} = \left(\frac{h}{6.626\,070\,15 \times 10^{-34}}\right)\,\text{m}^{-2}\,\text{s} = 1.475\,521... \times 10^{40}\,\frac{h\,\Delta\nu_{\text{Cs}}}{c^2} \quad (3.3)$$

(4) 基本単位 A は

$$1\,\text{A} = \left(\frac{e}{1.602\,176\,634 \times 10^{-19}}\right)\,\text{s}^{-1} = 6.789\,6868... \times 10^8\,\Delta\nu_{\text{Cs}}\,e \quad (3.4)$$

(5) 基本単位 K は

$$1\,\text{K} = \left(\frac{1.380\,649 \times 10^{-23}}{k}\right)\,\text{kg}\,\text{m}^2\,\text{s}^{-2} = 2.266\,665\,26... \frac{\Delta\nu_{\text{Cs}}\,h}{k} \quad (3.5)$$

(6) 基本単位 mol は

$$1\,\text{mol} = \frac{6.022\,140\,76 \times 10^{23}}{N_{\text{A}}} \quad (3.6)$$

(7) 基本単位 cd は

$$1\,\text{cd} = \frac{K_{\text{cd}}}{683}\,\text{kg}\,\text{m}^2\,\text{s}^{-3}\,\text{sr}^{-1} = 2.614\,8304... \times 10^{10}\,(\Delta\nu_{\text{Cs}})^2\,h\,K_{\text{cd}} \quad (3.7)$$

定義値を変えた場合に影響する依存性でみると, s と mol は 1 つの定義値, m と A は 2 つの定義値, kg, K と cd は 3 つの定義値に依存している. また

$\Delta\nu_{Cs}$ は mol を除く s, m, kg, A, K, cd の6つに影響し，h は kg, K と cd の3つに影響し，c は m と kg の2つに影響する．新 SI でのこれらの依存関係を図示したのが図 3.1 (b) である．

比較のために，旧 SI での依存性を図 3.1 (a) に図示した．旧 SI での定義量 $\Delta\nu_{Cs}$（Cs の超微細分離振動数），c（光速），M_{IPK}（キログラム原器の質量），μ_0（真空の透磁率），$m(^{12}C)$（炭素の相対原子質量），T_{TPW}（水相図 3 重点温度），K_{cd}（発光効率）については本章で後述する．

3.2 時間：天文時間から原子時計へ

3.2.1 天文時間

時間は長さと並んで古くから数量表現がなされてきた量であり，数学発祥の源泉でもある．さらに，長さと違い，時間には日周，年周，月齢という世界共通の基準現象をいずれの地域でも見ていたから，自然にこれら天体現象が時間の共通の単位となった．日単位でデジタル化した暦の1年を繰り返していくと季節の周期性からずれてくる．それは狩猟や農業と関わる自然の周期と同期した社会生活の，暦による計画化に支障となった．そこでより厳密な1年の周期性の基準現象として恒星の分布を星座で把握して公転をより普遍的な枠組みで把握する方法を考案するなか，測定と理論の両面で，天文学の進歩があった．

日周から暦を構成する仕方では太陽暦と陰暦の2つが長いあいだ併存した．太陽暦は 4000 年以上前のエジプト文明に由来する．1年を約 365.2422 日，1年を 12 の月に分ける，端数は1日を追加する閏年と月の大小で調整するなど，長いあいだで自然の周期と暦の周期性がくずれるのを補正する暦の編纂が工夫された．一方，陰暦はギリシャ，古代中国文明で使用されたもので月齢（月の満ち欠け，朔望ともいう）に注目する．月齢の周期は約 29.530 589 日でこれに 12 をかけると 354.37 日である．陰暦ではこの積み上げ方式で1年をきめ，自然の周期性との調整は1月を追加して 13 月の閏年（普通は 384 日）の挿入，端数調整は月の大小の挿入で行った．

暦の編纂とは地球公転，地球自転，月公転という3つの独立な天体現象の

周期の端数の処理の技術であった．太陽日単位で測った他の2つの現象の周期は整数になっていないが，その調整も整数でしなければならない．東西文明圏いずれでも，この技術が天文学や数学の発祥と絡んでいてさまざまな変遷があった．ここでの課題の一端をみてみる．例えば

19 太陽年（365.2422 日 × 19）＝6939.6018 日
235 朔望月（29.530 589 日 × 235）＝6939.6884 日

という数字をみると 5 桁で一致している．そして 235 は $19 \times 12 + 7$ という整数の組み合わせであるから，19 年に 7 回閏年を入れると太陽暦とのずれが回復できる．太陽暦は自然現象の周期性とより合致するのになぜ陰暦が一部で重用されたかは一見奇妙に見えるが，月の朔望という顕著な変化を誰でも目で見て月日の推移を実感できるという点で太陽暦に勝っていたのである．抽象化された合理性を太陽暦はもっているが，南中時の日の高さの変化は緩慢であり月日の推移を感じるのよりも迂遠である．

また，日単位で測った周期の端数が詳細にわかっていったのは天文観測の進展による．しかしこれは時計をもって測ったのではなく，太陽，地球，月，星座に加えて他の惑星や惑星の衛星の観測で見られる種々の周期性の組み合わせでの「計算値」である．ちなみに 0.0001 日 ＝ 8.64 秒であるが，この精度を何年間も持続する計時技術があったということではない．

1 日の時間をどの程度小刻みにした単位が社会で使われたかは，天体現象によらない計時の技術，すなわち時計の進歩と普及によって規定されてきた．しかし，この計時技術の水準とは独立に，天文学者が計算上で利用する単位として時間，分，秒の定義は 1000 年以上も古くからあり，平均太陽日の $1/(24 \times 60 \times 60)$ が 1 秒とされていた．平均太陽日とは太陽南中時刻（正午）からつぎの南中時刻までの時間である．フランスでメートル法が最初に提案されたときの定義もこの秒を採用した．

19 世紀末の機械式時計は天文学の時間精度に迫ってきて，天文現象を機械式時計を基準に測定してみると平均太陽秒はわずかながら時とともに変化することが明らかになった．毎年約 0.005 秒ぐらいずつ短くなっている．そこでメートル法の基準では 1956 年に不変な時間の単位として 1900 年 1 月 0 日 12 時における回帰年（太陽の黄道上の運行の周期）の $1/(31\,556\,925.9747)$ を 1

表 3.1 計時方法の進展

13-14 世紀	歯車,脱進器などの発明,時計塔現れる
1656 年	ホイヘンス 振り子時計製作,航海に使われる
1700 年ころ	現在のような 2 針の携帯時計現れる
1714, 15 年	英国,フランス政府が航海時計の懸賞公募
1761-62 年	ハリソン 航海時計(テンプとゼンマイの組み合わせ) 81 日航海で誤差 5.1 秒
1840 年ころ	グリニッジ平均時が英国で普及
1884 年	国際標準時
1889 年	リーフラーの時計 1 日で 100 分の 1 秒の誤差 天文学の精度に近づく
1921 年	ショート 2 振子時計
1927 年	マリソン・ホートン クオーツ時計
1953 年	リップ 電磁石で振り子を駆動する電子時計(回路がトランジスタ)
1955 年	エッセンら セシウム原子時計を実用化
1958 年	クオーツ時報用計時装置
1960 年	ブローバ社 電子時計の等時維持現象を音叉にする
1969 年	精工舎 クオーツ式腕時計
1973 年	液晶式デジタルクオーツ腕時計
1999 年	日本で長波の標準電波送信所の正式運用開始

秒と定義し直された.しかし公転周期自体が不変である保証もない.そこで 1967 年,基準現象を天体から原子に切り替えて現在の秒の定義が採用されている.

3.2.2 時 計

計時に天体現象と独立な物理現象を利用するのが時計である.振り子時計,ばね時計,航海時計(クロノメータ),電子時計,音叉時計,水晶発振時計,デジタル時計,原子時計,電波時計,などのように,刻みの微細化,長時間安定化,小型化,携帯化,標準規格化,などのさまざまな要請に応えるかたちで進歩した.主だった進展は表 3.1 のようであった.

時計の発達は基準とする等時現象とその等時性を安定に維持する校正装置で構成される.例えば 2 振子にするのも温度による変動差を利用した校正の仕組みである.また,等時現象を駆動するエネルギー源としては錘,ぜんまいバネから電磁誘導にひろがった.しかし時計の進歩は,新原理の採用によってだけでなく,ラチットなどの各要素技術の向上によって達成されたものも多い.

等時現象としては振り子，ばね（平衡輪），音叉，クオーツ（水晶振動素子）などが用いられる．

1880年，ピエール・キュリーはクオーツが安定した振動をし，さらに印加電圧と変形が連動する圧電効果（ピエゾ効果）を示すことを発見した．すなわち，固体振動と電気振動を結びつけることができた．なお振動周期はクオーツをカットした寸法で決まる．クオーツは1920年代からまず無線送信機の発信回路に使われ，1929年にはマリソン（米）がクオーツ時計の特許を取得した．彼は1000 kHzのクオーツ出力を真空管回路で1 kHzまで周波数を減らしてその発振出力でモーターの回転と同期させ，さらにそれを動力源として通常の時計のように歯車の組み合わせで秒針，分針，時針を回した．

3.2.3 原子時計

時計は周期的現象の振動子とその繰り返しの回数を数える計数器からなる．原子時計では特定の原子準位に同期する周波数によって，計数器の振動を校正する．例えば原子準位と共鳴した電波振動を圧電材であるクオーツに印加してクオーツの機械的振動と共振を維持し，その振動回数を計数する装置である．こうした計数に用いる周波数はマイクロ波であり，この遷移エネルギーは超微細構造線の原子準位にあたる．超微細構造線は原子核の磁気モーメントと電子の磁気モーメントの相互作用による状態エネルギーの差に由来する．現在のSI単位の定義では「1秒（second, s）は^{133}Cs原子の基底状態の2つの超微細準位（$F=4, m_F=0$および$F=3, m_F=0$）のあいだの遷移に対応する放射の9 192 631 770周期の継続時間」である．

電波と原子準位が共鳴していることの確認には励起状態にある原子数が最大であることのチェックをすればよい．これには例えば，磁気モーメントの差を磁場で選別する方法や，共鳴箱に照射したレーザービームの透過度を測る方法（励起準位にある原子だけが吸収するレーザー光の透過をみて透過が最小なら励起原子数が最大），などがある．また間をおいて2回励起することで共鳴波長を探索しやすくなるラムゼー共鳴などが用いられる．こうした方法で共鳴する振動数を常時校正するのが原子周波数標準器の役目である．これで周波数の精度は12ないし13桁で得られている．

しかし現実には個々の原子はバラバラの運動状態にあり，また磁場や電場などの外場にさらされている．このためにドップラー効果や準位エネルギーのシフトが避けられない．また観測時間(ビームが共鳴箱を通過する時間など)の短さも(不確定性関係によって)エネルギー準位に幅をもたせる．こうした不確かさを1つ1つ退治するのが精度を上げることにつながる．例えばレーザー冷却という手法で静止した原子状態がつくれるが，レーザー光にさらされた原子のエネルギー準位が影響を受ける可能性がある．そこでいったんレーザーで静止原子群をつくって，その後にレーザーを切って，重力で自由落下する原子群にマイクロ波を照射して共鳴周波数を探す方法が行われている．こうしたドップラー効果の制御により，周波数の精度は15ないし16桁に向上している．

原子時計は，第6章6.1.1で述べる光コムという可視光周波数域の測定の新技術により光原子時計といったものに進化し，さらに第6章6.1.2で触れるように，香取秀俊が開発した光格子時計によって約1000倍に精度が増し，周波数で18桁に達している．

3.3　長さ：メートル原器から光速へ

長さの単位「メートル」は普遍的単位系の創造を目指すメートル法の原点であった．地球の子午線の北極から赤道までの長さの 10^{-7} に相当する長さを 1 m と定義し，さらに $(0.1\,\mathrm{m})^3$ の体積を満たす水の質量を kg の定義とする2種の原器がつくられ，とくに1889年製の原器はその後の単位の基準にされてきた．しかし，人工物である原器の変性が検出できるようになり，まずメートル原器からの脱却が1960年に行われ，2018年にはキログラム原器からの脱却もなされた．

「脱却」は時間の基準が「天文時間から原子時計へ」移行したことに連動したものである．1960年には，^{86}Kr原子の橙色のスペクトル線($2p^{10} - 5d^5$)の真空中における波長の 1 650 763.73 倍を1メートルとすることにしたが，時間の基準を Cs 原子に定めた後に，1983年，光速度の測定精度が向上したことを踏まえて，長さの定義が再改定されて現在のものとなった．現在の定義は「1メートルは，光が真空中で $(299\,792\,458)^{-1}$ s の間に進む距離」である．

3.4 質量：キログラム原器からプランク定数へ

3.4.1 国際キログラム原器 IPK の不安定性

キログラムはメートルと並んで当初から導入された2つの単位の1つである．メートルを地球と関係させたのと同じ精神で，質量の定義には最も馴染みのある物質である水をもってきた．1キログラムは「1気圧，最大密度の温度における水 $1000\mathrm{~cm}^3$ の質量」と定義され，1799年には最初のこれらの原器もフランスで製作された．しかし，ながい中断ののち，1875年になり，国際的なメートル条約に結実して元の「定義」にそった原器の改良版が製作された．その後2018年の新 SI への改定まで使われてきたのは1889年製のものであった．この国際キログラム原器(IPK: International Prototype of the Kilogram)の質量 M_{IPK} が質量の基本単位の物理的な現示になっていた(第6章 6.4.1 参照)．

パリにある国際キログラム原器を「1次標準器」としてつくられた「2次標準器」が加盟国に配付される．日本では産業技術総合研究所(産総研)の計量標準総合センターがこの「2次標準器」の1つを「日本国キログラム原器」として保管・運用している．さらに，日本国キログラム原器を元にした「3次標準器」をつくり，各地の計量器の検定所の業務に運用している．1億分の1の精密さを誇る世界最高の原器用天びんも独自に開発した．

この IPK 原器はプラチナ・イリジウムの合金製で，パリの BIPM にある低圧の真空ビンの中に，6個のコピーとともに保管されている．しかし，ガスの表面吸着等で質量は増加するため，定期的に表面を洗浄しているが，これ自体も変性の原因になる．1988年の42年ぶりの洗浄では約 $60~\mu\mathrm{g}$ の減少が確認されたが，これは 6×10^{-8} の変動幅に相当する．図 3.2 には IPK と複数の公式コピー(official copies)間の質量の経年変化を示してある．明らかに 10^{-8} の数倍の変動がみられ，基準としては不安定であることが問題であった．

3.4.2 「キログラム原器からプランク定数へ」の意味

現在の理工的測定の事象は「ミクロ(微視的)」と「マクロ(巨視的)」にまた

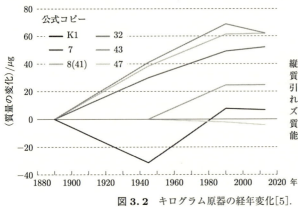

図 3.2 キログラム原器の経年変化[5].

がっており，メゾスコピック現象やナノテクがこのあいだを埋めつつある．SI でミクロとマクロを結びつけるのはアボガドロ定数 N_A であるが，それは「0.012 kg の核種 ^{12}C の中に存在する原子の数に等しい数の要素粒子を含む系の物質量」と質量の単位で規定される．

^{12}C のモル質量 $M(^{12}C)$ は 12 g/mol であり，N_A はこの定義のもとで測定で決まる数値であった．キログラム原器の M_{IPK} が変動すれば N_A の数値は変わり，そのたびに算出される原子の質量も改定されることになる．この構図は，不変な基本要素である原子の集合体としてマクロな物体があるという認識を混乱させる．この解消には N_A を定義値として「1 キログラムは静止した N_A 個の炭素原子 ^{12}C の質量の 1000/12 に等しい」のように，ミクロからマクロを規定することが必要である．

新 SI ではこの IPK 原器を基準にする体系を根本的に改めたのである．これを可能にしたのがワットバランス法と X 線結晶密度法という技術の進展である．後述するようにワットバランス法はマクロの質量を電磁単位で計測するものであり，また X 線結晶密度法は N_A を，質量ではなく，幾何的な計測で決めるものである．こうして M_{IPK} を基準から排除するのに成功したが，4 つの次元 MKSA の一角キログラムが欠けることになり，代替が必要になる．新 SI で定義値として登場するプランク定数 h がこの代替にあたる．その意味では「キログラム原器からプランク定数へ」というのは，重量・質量の単位に閉じた改定ではなく，単位の全体的な体系の組み換えのなかで「M_{IPK} が消えて，

h が登場した」という意味である.

3.5 電磁気:電流から素電荷へ

電磁気学の単位系の経過については第 4, 5 章で精述するが,他の単位との関係もあるのでここでも概観しておく.

3.5.1 力学単位から MKSA 単位へ

生活の中で自然に発生した量である長さ,時間,質量と違って,電気と磁気の量は専門家間による測定量の比較の課題として登場した.1832 年にはガウスがメートル法の 3 単位の組み合わせで電磁気量も表現すべきと主張して,地磁気の大きさをこの方式で表現した.ウェーバーもこの単位系を電磁気にも導入した.こうしたドイツでの動きに呼応して 1860 年代には英国でマクスウェルやトムソン(ケルビン)も電磁気をふくむ物理学全体の単位系の整備を訴えた.1874 年には BAAS は cm, g, s を基本とする電磁気の組み立て単位系である CGS 系を導入した.1 cm の距離にある 2 つの電荷のあいだに働く力が 1 dyn となる電気量として 1 esu を定義し,電荷という新しい量を力学に結びつけた.この流れは力学的世界観という理念を電磁気の単位系として表現したものと言える.

しかし,1880 年代,電磁気の応用が広まるにつれて電磁気量を CGS に還元することの不便さが指摘され,IEC はオーム,ボルト,アンペアの併用を勧告し,1889 年の CGPM では MKS 系が導入された.1901 年,ジョルジが MKS の 3 単位に電磁気の単位を 1 つ追加する提案をし,MKSA の 4 単位系が 1946 年に決定された.1954 年には電流は温度,光度と並んで基本単位に追加されて現在に至っている.旧 SI では「真空中に 1 m の間隔で平行に置かれた無限に長い 2 本の直線状導体(無限に細い円断面)に長さ 1 m あたり 2×10^{-7} N の力を及ぼし合う電流を 1 アンペア(ampere,A)とする」としていたが,この設定は実用上の便宜さが電磁気の SI 単位を主導してきたことを物語っている.

3.5.2 電磁気の量子的測定

単位の定義には確実に再現可能である現象をどう確保するかが重要な課題である.1906年頃には電流の基準を電流による電気分解の量で計量する試みもあったが,再現性に問題があることから旧SIの力学的な定義に変更された.当時の精度は10^{-6}とされている.他にはつぎのような試みもあった.コンデンサの加工が精密になったことを利用して電流で貯めた電気量をコンデンサの電位で測定するもので,10^{-8}の精度が得られた.また水銀の入った容器を電極板で挟んで電位をかけると上昇する水銀の液面の高さから電位を決める試みもあったが,10^{-7}の精度が限度であった.

近年の電磁気測定における精度の飛躍的向上は量子効果でデジタルに振る舞うジョセフソン効果と量子ホール効果の利用によっている.前者では2つの超伝導体があいだの絶縁薄膜で接している素子を用いる.この素子に振動数νのマイクロ波を照射すると,$2eV = nh\nu$の条件を満たす場合にトンネル効果で電流がながれる.すなわちジョセフソン素子の電位はつぎのように定電圧のステップとなる.

$$V = \frac{h}{2e}n\nu = \frac{1}{K_\mathrm{J}}n\nu \tag{3.8}$$

ここでVは電位差,nは整数である.1972年頃から,いくつかの実験でこの関係が極めてよい精度で調べられ,10^{-16}の精度でこの比例関係が確かめられている.この効果を使えば振動数の精度で電位が測定される.

ホール効果とは例えばz方向の定磁場のもとで,y方向の電位Vの領域をx方向にホール電流Iが生ずるものである.ホール抵抗をR_Hとして$V = R_\mathrm{H}I$の関係になる.一方,極低温ではラーモア運動の量子化(ランダウ軌道準位)の効果が現れて,ホール抵抗がつぎのようにh, eと整数iで表される量子ホール効果となる.

$$V = R_\mathrm{H}I = \frac{R_\mathrm{K}}{i}I = \frac{h/e^2}{i}I \tag{3.9}$$

さらに,強磁場で磁束の量子化が顕著になる場合には,2つの整数の比に依存する分数量子ホール効果が電気量子測定に登場している.

これらの量子効果を用いた電磁気の精密測定が普及し,それをSI単位に焼

き直す比例係数が必要になり，1990年，つぎの値が「国際協定値」(adopted value)とされた．

$$K_{\text{J-90}} = 483\,597.9 \text{ GHz V}^{-1}, \qquad R_{\text{K-90}} = 25\,812.807 \text{ }\Omega \qquad (3.10)$$

この「協定値」はe, hの測定値から計算されるジョセフソン定数$K_{\text{J}} = \dfrac{2e}{h}$およびフォン・クリッツィング定数$R_{\text{K}} = \dfrac{h}{e^2}$と$10^{-8}$の精度で一致していた．なお新SIでは$c, e, h$すべてが定義値となったので，$K_{\text{J}}$と$R_{\text{K}}$は「協定値」ではなく$e, h$の定義値から計算される確定値となっている．

$$\begin{aligned} K_{\text{J}} &= 483\,597.848\,416\,9836... \text{ GHz V}^{-1} \\ R_{\text{K}} &= 25\,812.807\,459\,3045... \text{ }\Omega \end{aligned} \qquad (3.11)$$

新SIにおいて，力に依らない電流の基準として新たに登場するのが素電荷eである．すでにジョセフソン効果と量子ホール効果により，力に依存しない電気的標準が事実上達成されており，ワットバランス法を介して，力や質量が電気的に決定できることを踏まえ，$K_{\text{J}}, R_{\text{K}}$を定義値化，すなわちプランク定数と素電荷を定義値化することとなったのである．今後は単一電子素子で電子を1つずつカウントすることで，電流の直接的実現が可能となる．半導体内の電子のソースとドレインの領域の中間に単一状態の量子ドット(数十nm)をもつ単一電子トランジスタを用い，そこに振動数νの電圧を印加すれば，

$$I = e\nu \qquad (3.12)$$

の関係で決まる電流Iが得られる．ソースからドレインへの電子の移動が量子ドット群を経由する場合に拡張しても，そこには単一状態しかないから印加電圧に合わせて確実に電子は1個ずつ運ばれるのである．

電磁気の現象はすべて素電荷に起因するから，単位の基準としてeに定義値を与えることは理にかなっており，電磁気の単位は新SIでようやく最終到達点に達したといえる．これが可能なのは図3.3のような相互関係をチェックできる実験技術を手にしたことにある．この関係の中で時間測定精度の向上がνの測定精度をあげ，それが電気的量V, Iの測定精度に結びつく構図になっている．

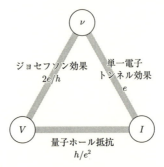

図 3.3 量子効果を使った電磁気測定.

3.6 温度：水相図3重点 TPW からボルツマン定数へ

3.6.1 セルシウス温度とケルビン温度

気体の膨張で温度を測る装置をガリレオが 1592 年につくったと記録されている．体温を測る装置として重宝がられ，その後，ガラス細工の精巧化と膨張をより見やすくするため気体をアルコールや水銀に代える改良がされた．1609 年頃，ケプラーもアルコール温度計，水銀温度計をつくっている．しかし，しばらくは寒暖の相対比較に眼目があり，数量的な表現はなされなかった．

温度の数量的表現は，ドイツのファーレンハイト (華氏，Daniel Gabriel Fahrenheit, 1686-1736 年) が 1720 年頃に提案した目盛りから始まった．当時最も低い温度と思われた寒剤の温度と人間の体温 (口の中) のあいだを 24 段階に等分割，さらに各段階を 4 等分割した．時計のように一般に両端を決めた後は等分割して数字を割り振るのが慣習だった．時計では 2 分割を 2 回やって，各段階を 3 等分割したことになる．人間の体温が登場するのは当時の温度計への関心を物語っている．1730 年にはフランスのレオミュール (列氏，René Réaumur, 1683-1757 年) による水の氷点と沸騰点のあいだを分割する方式の提案もあった．一方，1742 年，スウェーデンのセルシウス (摂氏，Anders Celsius, 1701-1744 年) は水の氷点と沸騰点のあいだを 100 分割する提案をし，これが現在の単位につながった．理由は水を基準物質にしたことと，

十進法の分割を用いた点にある．

19世紀になって熱現象を数式で厳密に表現する熱力学が発達した．その中でイギリスのケルビン卿(本名 William Thomson, 1824-1907年)は気体を低温にしていったときに体積が収縮していく限界に注目した．ボイルの法則($T=$一定で$PV=$一定)とシャルルの法則($P=$一定で1℃の冷却でVが0℃での体積の約273分の1減少する)を基礎に，この性質をもつ気体を考えればマイナス273℃で体積がゼロになり，それ以下の温度はないことに気づく．そしてそこが絶対的な意味で温度がゼロ度であるとする提案を行った(1848年頃)．この温度計単位には，絶対温度，熱力学温度，ケルビン温度などの名称があるが，SIでは「絶対温度」は用いない．℃のCには，セルシウス(Celsius)のCとcenti-grade(100目盛り)のCの2つの意味が重なっていたが，SIではセルシウスの略称としている．

絶対0度までの温度の刻みにもセルシウス温度の刻みが引き続き採用された．水の物性値を用いたのは普遍性を増したが，この物性値が空気の圧力によることが後に気づかれ，気圧の条件をはずして，水の相図の3重点(Triple Point of Water)の熱力学温度T_{TPW}を273.16度とする定義に改められた．熱力学温度の単位はケルビン(kelvin, K)であり，これより273.15を引いたものがセルシウス度(℃)である．熱力学温度Tとセルシウス温度tの間の関係は次のように表わせる．

$$t/℃ = T/\mathrm{K} - 273.15 \qquad (3.13)$$

セルシウス温度のゼロ点と熱力学温度の定義に0.01の差があるのはセルシウス温度は1気圧(1013.25 hPa)での氷の融点をゼロに定義したからである．すなわち，水の融点と沸点は圧力が下がると近づいて611 Paにおいて両者が一致する．そこが3重点であり，その温度が0.01℃である．

3.6.2 熱力学温度

新SIで温度の定義も微視的物理定数であるボルツマン定数kに基礎をおくものに改定された．その準備のため，水の3重点での定義のもとでkの測定値の国際比較を行ったところ，値の分布に2つの山が認められ，原因は水分

子のOとHのアイソトープの混入度の違いによるとわかった.アイソトープ比を統一して,測定原理の異なる方法で,10^{-6} 以下の不確かさで一致する k の値が得られた.新SIではCODATAで調整して k の定義値を定めた.その上で熱力学の関係を用いたつぎのような現示を行う.(1)理想気体の状態方程式 $PV = kTN$ を用いるものであり,音響共鳴と誘電率の測定で行う.(2)ナイキスト定理に従う抵抗体内部での電圧揺らぎと温度の関係を使う.(3)黒体放射のステファン・ボルツマン法則を基礎にする.

(1-1) 音響気体温度計 AGT (Acoustic Gas Thermometer)

球形の容器にArやHeの気体をつめ,その中での音響共鳴を測定し[*2],音速を正確に測定する.つぎに温度 T での音速を与える関係式

$$c^2(T) = \gamma \frac{kT}{m_{\text{gas}}} \tag{3.14}$$

から,温度が求められる.音速測定の精度が温度のそれにつながる.

(1-2) 誘電率気体温度計 DCGT (Dielectric Constant Gas Thermometer)

分極率 α の原子気体の誘電率は $\varepsilon = \varepsilon_0 + \alpha N/V$ のように密度 N/V に依存するから,気体の状態方程式と合わせれば

$$P(T) = kT(\varepsilon - \varepsilon_0)/\alpha \tag{3.15}$$

の関係にあり,P と ε の測定で T が決まる.

(2) ジョンソン・ノイズ温度計 JNT (Johnson Noise Thermometer)

抵抗の熱雑音は低周波数でホワイトノイズであり,揺動電圧の2乗平均が温度とつぎの関係にある.

$$\langle V^2 \rangle(T) = 4kTR\Delta\nu \tag{3.16}$$

ジョセフソン接合を用いた擬似ノイズ源との比較などで精密な測定が可能である.

(3) 絶対放射温度計 ART (Absolute Radiation Thermometer)

プランクの黒体放射公式

[*2] 球の大きさはマイクロ波共鳴を用いて測定される.

$$L_\lambda(T) = \frac{2hc^2}{\lambda^5} \frac{1}{\exp\left(\dfrac{hc}{\lambda kT}\right) - 1} \tag{3.17}$$

に含まれる c, h, k は新 SI では定義量であり，$L_\lambda(T)$ の測定で T を決めるものである．後述の ITS-90 にある 2 次温度計では既知の温度 T_0 での放射率との相対比 $L_\lambda(T)/L_\lambda(T_0)$ から T を決めるが，ART では $L_\lambda(T)$ 自体の絶対測定で，平衡になる加熱量を電磁的に計量する．1000 ℃ 以上の測定に用いられる．

3.6.3 国際温度目盛 ITS-90——1 次温度計と 2 次温度計

前記の熱力学温度の測定では T と測定する他の物理量の関係が簡明であり，他の物理量の測定値から T を直接決めることができる．これらは 1 次温度計と呼ばれ，3 重点による現示のような 2 次温度計と区別される．2 次温度計は再現性のよい相転移温度 (金属凝固点やアルゴン，酸素，ネオン，平衡水素の 3 重点) やヘリウム蒸気圧で決まる温度を定義定点として定め，それら定義点のあいだを補間するものである．水の 2 つの相転移温度をもとにした補間温度計であるセルシウス温度の一般化といえる．温度計として馴染みのあるサーミスタ，熱電対，ガラス製温度計などはこうした 2 次温度計である．

2 次温度計の実用上の体系が国際温度目盛 ITS-90 (図 3.4) であり，1968 年国際実用温度目盛 (IPTS-68) に次ぐものである．低温部については 2000 年に暫定国際温度目盛 PLTS-2000 が定められている．

3.7 物質量：モルからアボガドロ定数へ

3.7.1 モル質量と相対原子質量

旧 SI においてモル (mole, mol) は 0.012 kg の炭素 12 に含まれる原子と等しい数の要素粒子または要素粒子の集合体 (組成が明確にされたものに限る) で構成された系の物質量である．モルを使用するときは，組成を指定しなければならない．要素粒子は原子，分子，イオン，電子，その他の粒子である．

旧 SI ではこのようにマクロの存在同士の関係として現象論的に定義されて

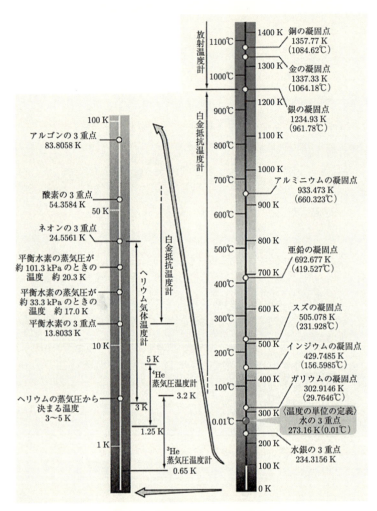

図 3.4 国際温度目盛 ITS-90[4].
代表的な定義点のみを記してある.実用的には白金抵抗温度計が 10 K ～ 900 ℃ の広い範囲で有効である.1 mK ～ 1 K の低温域では ^{3}He 蒸気圧温度計が使われる.

いるが,新 SI ではアボガドロ定数 N_A が定義値であり,mol はアボガドロ定数の要素粒子を含む物質量である.旧 SI では ^{12}C のモル質量 $M(^{12}C)$ は厳密に 12 g/mol であり,^{12}C 単原子の質量は $m(^{12}C) = M(^{12}C)/N_A$ である.ここで,統一原子質量単位(unified atomic mass unit) $u = m_u = m(^{12}C)/12$ を

導入する．一般の核種 X のモル質量を $M(\text{X}) = A_r(\text{X}) M_u$ とかけば旧 SI では $M_u = 1$ g/mol である．X の単原子質量は $m(\text{X}) = M(\text{X})/N_A = A_r(\text{X})\,\text{u}$ と表される．

$A_r(\text{X})$ は相対原子質量 (relative atomic mass) と呼ばれる．旧 SI において $A_r(^{12}\text{C}) = 12$ は定義値だが，他の $A_r(\text{X})$ は単純に質量数ではない．イオン捕捉による質量比の測定と QED (量子電磁力学) の補正で，例えば，$A_r(^1\text{H})$ = 1.007 825 032 231(93)，$A_r(^{28}\text{Si})$ = 27.976 926 534 65(44)，$A_r(^{133}\text{Cs})$ = 132.905 451 9615(86) などのように 10^{-10} の精度で決められている．イオン同士の質量比は微視的に精度よく測られるが，イオンと原子の結合エネルギーの差はスペクトル分光などで調整する．電磁場エネルギーの補正もあるが，QED の計算でその大きさは 10^{-10} 以下とおさえられている．

3.7.2　ワットバランス法

現在の重さの計量器は，まず大雑把にバネ式と電気式に分かれる．日常接するデジタル表示の計量器は表示に電気を使うが，重さを測る原理はバネ式が多い．高い精度を要する研究開発用や製薬での微量な試料の測定用の秤は電気式である．電気式の原理はさらに 2 つに大別され，1 つは力がかかると板が曲がるなどの歪みが生じ，それで電気的性質が変化する効果を使うものである．もう 1 つの原理は，モーターのように，磁場の中で電線に電流が流れると受ける電磁力と重力を釣り合わすものである．ワットバランス (watt-balance) 法は後者の電磁力方式の延長線上にある．

この方式は 1975 年にキブル (B. Kibble, 1938-2016 年) が考案した測定の仕方であり，ここでの電圧と電流の測定に各々ジョセフソン効果と量子ホール効果を用いることで旧 SI のもとでの h の精密な測定を行うことができる．

電流で重さを測る

図 3.5 (a) は「電磁力」方式の秤である．天秤の右側の皿に置かれた質量 m の試料には重力 $F_m = mg$ がはたらき，天秤の左側には，固定した放射状の磁場 B の中を動く，コイル (長さ L) が吊るしてあり，それに電磁力 $F_{el} = ILB$ がはたらく．天秤が釣り合う (バランスする) よう電流 I を調節して，その時

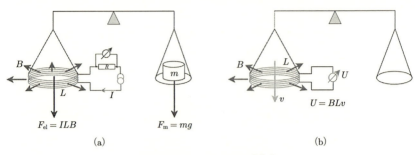

図 3.5 ワットバランス法[6].

の電流 I を記録する.

つぎに，図 3.5(b) のように，同じ装置で右側に試料をのせず，コイルを一定速度 v で移動させて，その時にコイルの両端に生ずる電圧 U を測る．このように 2 回めの測定をするのは，複雑なコイルと磁場の作用の測定・計算を，回避するためである．実際，$mgv = ILBv = IU$ だから，第 1 の測定値 I と第 2 の測定値 U から，(g と v が正確に分かっているとして)m が測定できる．この掛け算 IU は仕事量の次元「ワット」なので「ワットバランス法」と呼ばれる．レーザーを用いた測定技術の進歩で重力加速度 g や速度 v が精度よく実験ごとに測定できるので，電力のワットを質量のキログラムに変換できるのである (NIST (米)) での実験のパラメータは，$m = 1$ kg, $B \sim 0.1$ T, $I \sim 10$ mA, $v \sim 2$ mm/s, $U \sim 1$ V).

電流と電圧の量子的測定

「ワットバランス法」とは質量の測定を電流と電圧の測定に置き換える手法である．しかしここまでの議論ではプランク定数とは結びつかない．マクロの「古典的」な電磁気現象に，質量を結びつけただけである．プランク定数がこのマクロの現象に結びつくのは，電流と電圧の測定にマクロの量子電磁現象が登場するからである．この「マクロの量子電磁現象」とは，極低温の環境でマクロな装置に見られる，ジョセフソン接合と量子ホール抵抗という量子効果である．(3.5.2 参照)

これらのマクロの量子現象については話が大きく広がるので説明の詳細は省略するが，単位系の課題に関係するのは，この効果を使うと電流と電圧の測

定精度が飛躍的によくなることである．その理由は電流と電圧が整数で分類されるデジタルな値をとるようになるからである．デジタル量だということは，2のつぎは3であって，「2.056...かもしれない」などと迷わなくていいのである．

ジョセフソン接合と量子ホール抵抗

量子ホール効果は，低温強磁場下の2次元電子系のホール伝導度が $\sigma_{xy} = i/R_K$ (i は整数) のように量子化される現象である．$R_K = h/e^2$ はフォン・クリッツィング定数と呼ばれる．

図3.5(a)における電流測定用の抵抗 R（1 kΩ 程度）はあらかじめ量子ホール素子を用いて校正が行われている．すなわち，両者に同じ電流を流し，抵抗の電圧と，量子ホール素子の電圧端子の電圧を比較することで $R = bR_K/i$（b は両者の比）を精度よく定めることができる．電流 I は，校正された抵抗の両端の電圧 $V_R = IR$ によって知ることができる．電圧の測定は以下のようにして行われる．

2つの超伝導体を弱く結合させたジョセフソン接合に周波数 ν のマイクロ波を照射すると，電流-電圧特性が階段状になる．n 段目の平坦部の電圧はジョセフソン定数 $K_J = 2e/h$ を用いて，$V_n = n\nu/K_J$ と書ける．ジョセフソン素子の電圧は数 $10\,\mu$V 程度に過ぎないが，多数の素子を直列接続することで，数Vオーダーの電圧が得られる．さらに各素子のバイアス電流を個別に変化させることで，$n = 0, 1$ の切り替えを行い，電圧に寄与する素子数 N を変え，任意の電圧が発生できるプログラマブル標準電圧源が実現されている．この電圧源と被測定箇所を電圧計を介して接続し，その読みがゼロになるように，N を調整すれば，電圧を $V_R = N\nu/K_J$ のように定めることができる．

図3.5(b)の電圧 U も同様の電圧測定の方法で $U = N'\nu'/K_J$ と決定される．これらをワットバランス法の式に代入すると，$UI = (iNN'\nu\nu'/4b)h = mgv$ となり，プランク定数 h と質量 m が次のように関係づけられることになる．

$$h = \frac{4}{K_J^2 R_K} = \frac{4bmgv}{iNN'\nu\nu'} \qquad (3.18)$$

K_J, R_K に含まれる e は打消しあって，h だけが残っていることに注意する．

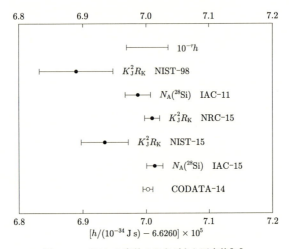

図 3.6 プランク定数のさまざまな測定値[2].
相対不確かさ u_r が 10^{-7} 以下の,プランク定数の測定値. NIST (米) と NRC (英) はワットバランス法, IAC (国際アボガドロ・プロジェクト,日・独・伊・豪など) は X 線結晶密度法での測定. 末尾は発表年. CODATA-14 は 2014 年版 CODATA 調整値.

このような測定によって決められた h の値を図 3.6 に示してある.

3.7.3 X 線結晶密度法によるアボガドロ定数 N_A の測定

微視的に測られているリドベルグ定数 $R_\infty = m_e c \alpha^2 / 2h$ を通してアボガドロ定数 N_A とプランク定数 h はつぎの関係にある.

$$hN_A = \frac{cM(\mathrm{e})\alpha^2}{2R_\infty} \tag{3.19}$$

ここで $M(\mathrm{e})$ は電子のモル質量である.もし N_A を精度よく決めることができれば,この関係を使って h が測定される. h の測定は前述のワットバランス法によっても行うことができるが,これらの測定原理は大きく異なっており,両者での測定値が一致すれば, h に定義値を与える新 SI が可能になる.

N_A の独立した正確な測定を可能にしたのがシリコン (Si) の真球を用いた X 線結晶密度法である.シリコン結晶は立方晶であり,格子定数 a の単位格子 (unit cell) には 8 つの原子が含まれる.一方,単位格子内の密度は巨視的密度 ρ と等しいから,モル質量 $M(\mathrm{Si})$ とアボガドロ定数は

$$N_\mathrm{A} = \frac{8M(\mathrm{Si})}{\rho a^3} \tag{3.20}$$

と表される．この関係は基本的には幾何学的なものであり，質量の定義とは独立なものである．

格子定数を決めるのがX線干渉計による測定である．また密度測定に必要な正確な体積の測定を可能にするため，日本のグループはSiの真球(直径94 mm，真球度7 nm，約1 kg)の製造を実現した．その後，日・独・伊・豪などの研究機関の国際アボガドロ・プロジェクト(IAC)の協力で取り組まれた．このなかで天然の同位体組成では約92%の^{28}Siを，99.99%までに濃縮した．こうした努力で10^{-8}の精度が達成された．これによるhの測定値が図3.6に示されている．これがワットバランス法での値と十分一致したことが，新SIへの突破口であった．

リドベルグ定数と質量

リドベルグ定数$R_\infty = m_e c \alpha^2 / 2h$は電子質量を通して$h$と$N_\mathrm{A}$を結びつけることをみた．$R_\infty$の値は原子の遷移振動数の測定から決められるが，この際，測定値に対して原子核が無限の質量でないこと，原子核の大きさが有限であること，などの効果の補正を行う必要がある．例えば水素原子では

$$\begin{aligned}\nu_\mathrm{H}(^1\mathrm{S}_{1/2} - {}^2\mathrm{S}_{1/2}) &= \frac{3}{4} R_\infty c \\ &\times \left[1 - \frac{m_e}{m_p} + \frac{11}{48}\alpha^3 - \frac{28}{9}\frac{\alpha^3}{\pi}\ln\alpha^{-2} - \frac{14}{9}\left(\frac{\alpha R_p}{\lambda_\mathrm{C}}\right)^2 + \cdots\right] \end{aligned} \tag{3.21}$$

のように，R_∞と測定値$\nu_\mathrm{H}(^1\mathrm{S}_{1/2} - {}^2\mathrm{S}_{1/2})$が関係している．ここで$R_p$は陽子半径，$\lambda_\mathrm{C}$は(コンプトン波長)/$2\pi$．振動数の測定精度は13桁に及ぶので，$R_\infty$も12桁ぐらいの精度をもつ．

また微細構造定数αは電子の異常磁気モーメントのペニングイオン捕捉実験で精度よく決められている．スピンs_zの磁気モーメントは，ボーア磁子$\mu_\mathrm{B} = e\hbar/2m_e$を用いて，$\mu = g_e\mu_\mathrm{B} s_z$と書ける．この$g$-因子の$g_e(\mathrm{Dirac}) = 2$からのずれが異常磁気モーメントである．すなわち，

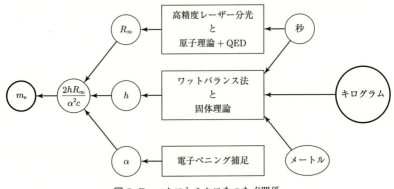

図 3.7 マクロとミクロをつなぐ関係.

$$g_e = -2(1+a_e) \qquad (3.22)$$

と書けば，a_e はつぎのように計算で与えられる.

$$a_e = C_e^{(2)}\left(\frac{\alpha}{\pi}\right) + C_e^{(4)}\left(\frac{\alpha}{\pi}\right)^2 + C_e^{(6)}\left(\frac{\alpha}{\pi}\right)^3 + C_e^{(8)}\left(\frac{\alpha}{\pi}\right)^4$$
$$+ a_e(\text{hadron}) + a_e(\text{weak}) + \delta_e \qquad (3.23)$$

ここで数係数 $C_e^{(2i)}$ は $C_e^{(2)}=1/2$ のように計算で決まっている．最後の項はハドロン真空偏極，つぎは電弱作用による真空偏極，最後はその他の補正である．a_e の測定から α を 8 桁以上の精度で決めることができる．

3.7.4 質量とプランク定数

不安定な人工物であるキログラム原器からの脱却の方針を決めてから，まず，従来の SI のもとで，プランク定数 h を独立な手法で精度よく決めるプロジェクトがたてられた．この中で浮上した実験法が先述の X 線結晶密度法とワットバランス法であった．図 3.6 のように，2 種類の h の測定値が十分な精度で一致したことを踏まえて，h に定義値を与える改定が可能になったのである．

プランク定数に定義値を与えることで，キログラム原器が基準として不要になった．これが新 SI への改定で起こったことである．この改定は A, K, cd を定義する現象の改定とも繋がったものである．現在の各パートの測定精度を考

慮すると，キログラム原器と電子質量は図3.7のようにしてSI単位と結びついていたのである．

3.8 光度：カンデラからルーメンへ

人間の視環境を表す光の量が課題であり，視覚に特有な特定の波長が登場する．SIでの「人間」の登場は唐突な感じがするが，これについては第6章6.1.5でふれる．視覚での光束(単位はルーメン lm)と放射束(単位はワット W)を結ぶ視感効果度(luminous efficacy) K_{cd} [*3]に lm W^{-1} の単位で定義値が与えられており，基本単位 cd とは lm = cd sr で結ばれる．視環境の光の量を表す光度，光束，照度，輝度は各々カンデラ(candela, cd)，ルーメン(lumen, lm)，ルクス(lux, lx)，ニト(nit, nt)の単位で表され，lm = cd sr, lx = lm m^{-2}, nt = cd m^{-2} の関係にある．光源の発する光で満ちた視環境を想定すれば，光源の全光束の単位は lm，ある方向の立体角あたりの光束が cd，単位面積あたりの光束が lx，遠方から光源を見た際の輝度が nt で表される．生活空間の視環境は 10^{-3} lx から 10^5 lx に及ぶ(第6章6.3.7)．

これまでは 1 cd = (1/683) W/sr と定義されていたが，新SIで $K_{cd} = 683$ lm/W と定義値を lm の単位で与えている．これは cd で表される光の流量よりは光源のパワー(ワット)に着目したものといえる．第6章6.3.4でコメントするように，LED光源の普及で，従来のワットにかわって，ルーメンの表示が登場していることにも関係していると思われる．

[*3] 放射束は光源のパワーに関係づけることができるが，その場合には K_{cd} は光源の発光効率と見なすことができる．

4
電磁気の単位とマクスウェル方程式

4.1 電磁気学の現代的意義

 1864年ごろ,マクスウェルが今日彼の名を冠して呼ばれる電磁気の基本方程式群の原形を確立したことはよく知られている[7, 8]. それによって,類似点はあるものの,別々に扱われてきた電気と磁気を統一的に扱うことができるようになった(図4.1). さらに,それまで気づかれずにいた変位電流項を導入することで,波動解の存在,すなわち電磁的擾乱が真空中を光速で伝搬しうることを示し,光が電磁波の一形態であることを確信するに至ったのである. 1888年には,ヘルツが電波の発生と検出に成功し,マクスウェルの理論は確かなものとして認知されるようになった. その後直ちに電波による通信,すなわち無線通信が実用化された. 理論面では,電磁方程式のローレンツ不変性を通して相対論が発見された.
 プランクによる電磁場の熱平衡状態(黒体輻射)の研究(1900年)やアインシュタインによる光電効果の研究(1905年)は量子論に至る道程の起点となった. 光は粒子と波動の性質を併せもつ光量子(光子)と捉え直す必要があることが明らかになった. さらには従来,粒子と思われていた電子も量子力学に従っており,波動性を示すことが分かってきた. 量子力学の理論が整備されて間もない1927年には,ディラックが電磁場を量子化する方法を見出し,光子の振る舞いを理論的に扱うことが可能となった. また,量子化された物質場と光子の相互作用を扱う量子電磁力学(QED)が確立された. QEDはゲージ場理論という,それを包括する一般的な理論へと発展し,弱い力や強い力を含む統一理論が確立された.

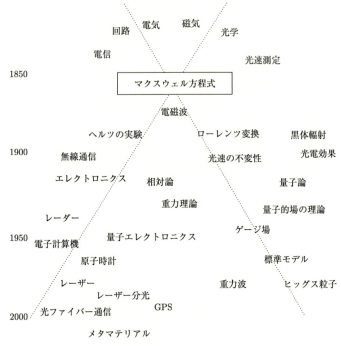

図 4.1 マクスウェルをめぐる歴史．科学・技術の源流としての電磁気学．

　一方，マクスウェルの時代には電気回路がすでに実用に供されるようになっていた．1866 年には大西洋に海底ケーブルが敷設され，大陸間の電信通信が実現されるなど，電気技術は電信・電話，照明，電動力を可能とし，近代文明の駆動力となった．

　1906 年のド・フォレストによる真空管の発明に始まるエレクトロニクス（電子工学）の発展は，固体増幅素子であるトランジスタの発明（1948 年）や集積回路技術（1959 年）によって急速な展開を果たしてきた．

　エレクトロニクスの発展に支えられて電子計算機の計算性能向上，大容量化，小型化が急速に進んだ．レーザーの発明により，さまざまの波長領域でコヒーレントな光が得られるようになり，レーザー分光法や原子の量子操作など，さまざまな先端技術が可能となった．光ファイバーと半導体レーザーの組み合わせによる光通信は，遠く離れた地点間の大量の情報の交換を可能とした．

現在誰もがもっているスマートフォンには，無線の送受信機能があり，内部では億単位のトランジスタが情報を処理し，GPS衛星に搭載されている原子時計で自分の居場所を確かめている．これはマクスウェルがもたらした果実の1つといってよいだろう．

マクスウェル方程式の成立から150年後の現在，大型のレーザー干渉計によって，ブラックホールの衝突による重力波(2016年)を宇宙の花火を見るかのように観測できるようになり，我々の宇宙観は大いに深化した．

英国では，マクスウェルは「すべてを変えた男」"A man who changed everything"と呼ばれているが，大袈裟な褒め言葉でないことが分かるだろう．

4.2 電磁気学における単位の困難

このように現代文明の基盤となっている電磁気学ではあるが，その単位系をめぐっては，マクスウェルの時代以前から試行錯誤が続いてきた．その影響は現在にまで及んでおり，電磁気を習得したり活用したりする上で大きな障害となっている．マクスウェル自身も2つの単位系(CGS esu, CGS emu)を場面に応じて使い分けていた．その後の歴史の過程で，さまざまな単位系が提案，利用されては消えていった．現在ではSIへの統一が進み，表面上は単位系の問題は解消されたように見える．しかし，「ガウス単位系」はいまだに命脈を保っている．この単位系はCGS esu, CGS emuの統一を目指して導入されたものであるが，外見上の単純さとは裏腹にさまざまな問題を抱えている不合理な単位系であり，混乱や誤解を生ずる原因となって，電磁気学の正しい理解の妨げになっている．

歴史的経緯を学ぶ上で，マクスウェルの時代の以下のような制約を知っておくことは重要である．(1)電荷にもとづく静電単位系(esu)と，電流にもとづく電磁単位系(emu)が併存しており，電気・磁気の統一理論にふさわしい単位系が整備されていなかった．電気と磁気に関して対称化を目指したガウス単位系はesuとemuを場面に応じて適当に使い分けるという弥縫策である．(2)電気・磁気現象の起源である荷電粒子(電子，イオン)の実体がまだ発見されていなかった．(3)光速と電磁気学の関係が徐々に深まってゆく過程にあった．

(4) 真空のインピーダンスの概念が確立していなかった．

1901 年に G. ジョルジは，力学の 3 つの基本単位に電磁気のための新たな基本単位を加えることを提案した．1950 年には国際電気標準会議(IEC)でアンペアを第 4 の基本単位とすることが決まり，1954 年には国際度量衡総会(CGPM)によって，MKSA 単位系が採用され，1960 年の SI の先駆けとなった．さらに，2018 年の新 SI ではアンペアの定義を力によるものから，素電荷によるものに切り替えることとなり，電磁気学の体系や単位系は試行錯誤の末，ようやく合理的なものに整理されたといえる．

電磁気学における単位系は，電磁気学の理論構造に深く関わっており，さらに，その歴史的発展の経緯をも反映しており，これらを考慮しないと理解するのがむずかしい．現在の視点，すなわち SI で表されたマクスウェル方程式を用いて，電磁気学や単位系の発展過程を振り返ることによって，初めて，電磁気に対する誤解や混乱を解きほぐすことが可能となる．

4.2.1 回路と電磁気の単位

SI の前身である MKSA 単位系の成立には電気回路で用いられていた単位系(実用単位系)が深く関わっている．

表 4.1(a)に，電気回路に関する単位を示している．電流の単位はアンペア A である．電圧は電荷あたりの仕事として定義されるので，その単位ボルトは $V := J/C = W/A$ である．($A := B$ は A を B によって定義することを意味する．) 2 種類の量は，その積がエネルギーやパワーとなる場合，たがいに，「共役」(conjugate)，「相補」(complementary)などと呼ばれる．電圧は電流に対して共役な量である．パワーが一定の場合，ボルトとアンペアは反比例の関係にあるので，反傾的(contragradient)な量あるいは双対(dual)とも呼ばれる．この関係性は，電磁気学において重要な役割を果たす(図 4.2)．

抵抗は電圧と電流の比であり，単位はオーム $\Omega = V/A$ である．コンダクタンスは抵抗の逆数で，単位はジーメンス $S = 1/\Omega$ である．これらは共役変数を関係づける役割をしている．

MKSA 単位系は，力学に対する基本単位 (m, kg, s) に新たにアンペア A を電磁気の基本単位として加えて構成されるものである．電磁気の単位を表 4.1

表 4.1 電気回路(a)と電磁気学(b)の主要単位

(a)

電流 I A	電圧 V V
コンダクタンス G	S=A/V
抵抗 R	Ω=V/A=Wb/C
キャパシタンス C	F=C/V=S s
インダクタンス L	H=Wb/A=Ω s
パワー P	W=A V

(b)

電荷 q, 電束 Ψ C=A s	磁束 Φ, 磁荷 g Wb=V s
電束密度 D, 分極 P C/m^2	電場 E V/m
磁場の強さ H, 磁化 M A/m	磁束密度 B Wb/m^2
電荷密度 ϱ C/m^3	電位 ϕ V
電流密度 J A/m^2	ベクトルポテンシャル A Wb/m
エネルギー E J=C V=A Wb 作用 S J s=C Wb	

注：電磁気学の主要単位は空間的に広がる「場」としての性格から，$m^{-1}, m^{-2},\ldots$ などを含むが，それを除けば基本的には電気回路の主要単位と同じものである．電気回路は電磁気学の一部であるので当然のことなのであるが，別物と捉えられていることが多い．特に，電磁気学においては，専用の単位，たとえば磁束密度の単位 T（=Wb/m^2）などが使われるが，このことが却って見通しを悪くしている．また，Wb=V s であることも忘れられがちであるが，C=A s の対称としてぜひ覚えておくべきである．S=Ω^{-1} はコンダクタンスの単位，ジーメンスである．

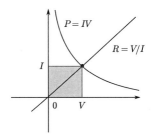

図 4.2 電流 I と電圧 V の積はパワー P を与え，I と V とは共役あるいは相補的な量である．また，比は抵抗 R を与える．共役な量とそれに付随する量の関係は一般かつ重要な構造である．

表 4.2 単位系を区別する記号

単位系	非有理	有理
SI	—	A, A_{SI}
CGS esu	A_{esu}	$A_{\text{r-esu}}$
CGS emu	A_{emu}	$A_{\text{r-emu}}$
Gauss	A_{G}	$A_{\text{r-G}}$

注：特に指示のない場合は原則 SI における物理量を指すものとする．同じ量でも異なる単位系では一般に次元が異なるので注意が必要である．

(b)にまとめておく．

電荷の単位は，クーロン C＝A s であり，アンペアに比例し，磁束の単位はウェーバ Wb＝V s であり，ボルトに比例している．その他の量も同様に2つの系列に整理される．E と D，B と H はそれぞれ別の系列に属していることに注意する．

記法について

SI において，(ゼロでない) 2 つの物理量 A, B の比が無次元になることを，$A \overset{\text{SI}}{\sim} B$ と表す．一般に単位 u も物理量なので，「$A \overset{\text{SI}}{\sim} \text{u}$ は，物理量 A の単位は u」であると読むことができる．$A \overset{\text{SI}}{\sim} 1$ は，A が無次元量であることを意味する．

例えば，電場が単位ベクトル e を用いて $E = Ee$ と表されるとき，$E \overset{\text{SI}}{\sim} E \overset{\text{SI}}{\sim}$ V/m，$e \overset{\text{SI}}{\sim} 1$ である．「単位ベクトル」は，ここで扱っている「単位」を表しているわけではなく，大きさが "1" のベクトルのことである．

また，ここでは異なる単位系における物理量を同時に扱うので，表 4.2 のように，添字で単位系(有理，非有理)を区別するようにする．

4.3 電磁気学の体系

電磁場は電場と磁場から構成されるが，電場には E, D，磁場には B, H とそれぞれ共役的な2種類の場が割り当てられている．これらの場の存在理由を考えることは電磁気学の構造を知る上で鍵となる(→コラム「マクスウェルは4種類の場を考えていた」)．真空中においてさえ，2種類の場の区別は重

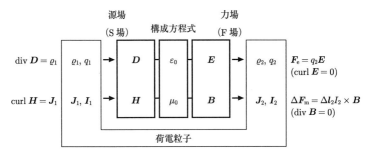

図 **4.3** 電磁気学の基本構造(真空中, 静的な場合).

要である. 図 4.3 を見ながら全体像を確認しておこう.

4.3.1 源がつくる場

電束密度 $D \overset{\text{SI}}{\sim} \text{A s/m}^2 = \text{C/m}^2$, 磁場の強さ $H \overset{\text{SI}}{\sim} \text{A/m}$ を, "源場"(source field), あるいは "S 場" と呼ぶことにする. なぜなら, マクスウェル方程式の 2 つの式

$$\text{div}\, \boldsymbol{D} = \varrho, \quad \text{curl}\, \boldsymbol{H} - \frac{\partial \boldsymbol{D}}{\partial t} = \boldsymbol{J} \tag{4.1}$$

が電磁場とその源である電荷密度 $\varrho \overset{\text{SI}}{\sim} \text{C/m}^3$, 電流密度 $\boldsymbol{J} \overset{\text{SI}}{\sim} \text{A/m}^2$ との関係を示しているからである. 点電荷 q による電場は

$$\boldsymbol{D} = \frac{q}{4\pi r^2} \boldsymbol{e}_r \tag{4.2}$$

のように電束密度を用いると, 余分な係数なしに簡単に表すことができる. $\boldsymbol{e}_r$ は, 極座標における動径方向の単位ベクトルを表わす. 直線電流 I による磁場も

$$\boldsymbol{H} = \frac{I}{2\pi r} \boldsymbol{e}_\phi \tag{4.3}$$

のように磁場の強さで簡潔に表される(この時点では, ε_0, μ_0 は不要である). $\boldsymbol{e}_\phi$ は, 円筒座標における偏角方向の単位ベクトルを表わす.

いずれも力に言及する必要はなく, 源と対象点の「幾何学的配置」によって $\boldsymbol{D}, \boldsymbol{H}$ が定量的に定義されている. 源があれば, 力を測らなくても, そこに間違いなく場は存在するのである.

電荷の保存則

$$\operatorname{div} \boldsymbol{J} = -\frac{\partial \varrho}{\partial t} \tag{4.4}$$

はマクスウェル方程式の2つの式(4.1)から導出される(→コラム「$\boldsymbol{D}$, $\boldsymbol{H}$の測り方」).

4.3.2 力学作用を表す場

電場 $\boldsymbol{E} \overset{\text{SI}}{\sim} \text{V/m}$, 磁束密度 $\boldsymbol{B} \overset{\text{SI}}{\sim} \text{V s/m}^2 = \text{Wb/m}^2$ は"力場"(force field)あるいは"F場"と呼ぼう. なぜなら, これらがローレンツ力の式

$$\boldsymbol{F}_{\text{e}} = q\boldsymbol{E}, \quad \Delta \boldsymbol{F}_{\text{m}} = I\Delta \boldsymbol{l} \times \boldsymbol{B} \tag{4.5}$$

に含まれるからである. $\boldsymbol{F}_{\text{e}}$ は電荷 q が電場から受ける力, $\boldsymbol{F}_{\text{m}}$ は電流 I の線分 $\Delta \boldsymbol{l}$ の部分が磁場から受ける力である.

これらの式は $\boldsymbol{E}$, $\boldsymbol{B}$ を定量的に定義している. 電荷密度 ϱ, 電流密度 $\boldsymbol{J}$ に対する力の密度 $\boldsymbol{f} = \varrho \boldsymbol{E} + \boldsymbol{J} \times \boldsymbol{B} \overset{\text{SI}}{\sim} \text{N/m}^3$ や速度 $\boldsymbol{v}$ で運動している電荷に対する磁気力 $\boldsymbol{F}_{\text{m}} = q\boldsymbol{v} \times \boldsymbol{B}$ なども $\boldsymbol{E}$, $\boldsymbol{B}$ で表される.

力によって定義される $\boldsymbol{E}$, $\boldsymbol{B}$ はマクスウェル方程式の2つの式

$$\operatorname{curl} \boldsymbol{E} + \frac{\partial \boldsymbol{B}}{\partial t} = 0, \quad \operatorname{div} \boldsymbol{B} = 0 \tag{4.6}$$

を満たす.

スカラーポテンシャル $\phi(\boldsymbol{x}) \overset{\text{SI}}{\sim} \text{V}$ とベクトルポテンシャル $\boldsymbol{A}(\boldsymbol{x}) \overset{\text{SI}}{\sim} \text{Wb/m}$ を導入すると,

$$\boldsymbol{E} = -\operatorname{grad} \phi - \frac{\partial \boldsymbol{A}}{\partial t}, \quad \boldsymbol{B} = \operatorname{curl} \boldsymbol{A} \tag{4.7}$$

は自動的に2つの方程式(4.6)を満たす. 荷電粒子の運動を与えるハミルトニアンやラグランジアン

$$\begin{aligned} H(\boldsymbol{x}, \boldsymbol{p}) &= \frac{[\boldsymbol{p} - q\boldsymbol{A}(\boldsymbol{x})]^2}{2m} + q\phi(\boldsymbol{x}), \\ L(\boldsymbol{x}, \boldsymbol{v}) &= \frac{m}{2}\boldsymbol{v}^2 + q\boldsymbol{A}(\boldsymbol{x}) \cdot \boldsymbol{v} - q\phi(\boldsymbol{x}) \end{aligned} \tag{4.8}$$

表 4.3 電磁気学の基礎定数（真空の定数）

名称	記号	定義値	概略値	関係式
誘電率	ε_0	—	$8.854\,\mathrm{pF/m}$	$1/(c_0 Z_0)$
透磁率	μ_0	— *)	$1.257\,\mu\mathrm{H/m}$	Z_0/c_0
光速	c_0	$299\,792\,458\,\mathrm{m/s}$	$2.998\times 10^8\,\mathrm{m/s}$	$1/\sqrt{\mu_0\varepsilon_0}$
インピーダンス	Z_0	—	$376.7\,\Omega$	$\sqrt{\mu_0/\varepsilon_0}$

注：ε_0, μ_0 はそれぞれ電場，磁場に関する定数，c_0, Z_0 は統合された電磁場に関する定数である．4つの定数は関係づけられており，独立なものは2つである．c_0 の数値はメートルの大きさを定めるために定義されている．

*) 2018年以前は，μ_0 の数値は定義値 $4\pi\times 10^{-7}$ であり，アンペアの大きさを決めていた．

は ϕ, A で表される．ただし，x, v, p は質点 m の位置，速度，運動量である．

4.3.3 真空の構成方程式──電磁気の要石

源場 (D, H) と力場 (E, B) を関連づけるのが媒質の構成方程式（constitutive relation）；

$$D = \varepsilon_0 E + P, \quad H = \mu_0^{-1} B - M \quad (4.9)$$

である．ここで，$P \overset{\mathrm{SI}}{\sim} \mathrm{C/m}^2$, $M \overset{\mathrm{SI}}{\sim} \mathrm{A/m}$ はそれぞれ分極，磁化を表す．また，

$$\varepsilon_0 \overset{\mathrm{SI}}{\sim} \mathrm{F/m}, \quad \mu_0 \overset{\mathrm{SI}}{\sim} \mathrm{H/m} \quad (4.10)$$

はそれぞれ，真空の誘電率（電気定数），真空の透磁率（磁気定数）と名づけられた物理定数である．F=Ss, H=Ωs はそれぞれファラド，ヘンリーである．概略値を表 4.3 に示す．関連する物理定数 c_0, Z_0 については後に述べる．

真空中では，$P = M = 0$ であり，真空の構成方程式に帰着される；

$$D = \varepsilon_0 E, \quad H = \mu_0^{-1} B \quad (4.11)$$

すでに見たように，D と E, H と B はそれぞれ別の方法で定義された物理量であるので，このような定数の存在は必然である．また異なった物理次元をつなぐ定数なので，単位（次元）つきの量となる．真空を媒質として，コンデンサやコイルをつくる際には，キャパシタンスやインダクタンスがこれらの定数の制約をうけることになる．

類似の例を見ることで理解を深めておこう．伝導性媒質中の電流密度 $J \overset{\mathrm{SI}}{\sim}$

時空構造定数
$$c_0 = \frac{1}{\sqrt{\mu_0 \varepsilon_0}}$$

電気定数 $\varepsilon_0 = \frac{1}{c_0 Z_0}$　　　　＋　　　　磁気定数 $\mu_0 = \frac{Z_0}{c_0}$

電磁構造定数
$$Z_0 = \sqrt{\frac{\mu_0}{\varepsilon_0}}$$

図 **4.4** 電磁気学の 4 つの定数 $(\varepsilon_0, \mu_0, c_0, Z_0)$ とそれらの役割.

A/m^2 と電場 $E \overset{SI}{\sim} V/m$ のあいだには $J = \sigma E$ という関係が成り立つ. 両者は比例関係にあるが, 異なった物理的意味と次元を担っている. そして, 伝導度 $\sigma \overset{SI}{\sim} S/m$ という次元つき定数が両者を関係づけている. J は束(flux)の面密度, E はポテンシャルの勾配という別の性格をもつベクトル場である. これらの関係性は全く自明というわけではなく, それを支える物理が存在する. 前者の面積分は束を, 後者の線積分はポテンシャル差を与えるという意味でも, 異種のベクトル場である.

真空の構成方程式(4.11)は, ともすれば自明の式のように見なされることが多いが, 後に明らかになるように, 電磁気学の要石(keystone)といっても過言ではないほどの重要な式である.

ε_0 と μ_0 はそれぞれ電気, 磁気に関する定数であり, 独立なもののように思われる. しかし, マクスウェルは光速 c_0 がこれらの定数を用いて

$$c_0 = \frac{1}{\sqrt{\mu_0 \varepsilon_0}} \overset{SI}{\sim} m/s \qquad (4.12)$$

と表されることに気づいた[7]. このマクスウェルによる真空中の「光速の式」は, その後の相対論の発見へとつながる重要な式である. この 19 世紀の大発見の経緯については, 本章 4.4.1 で改めて述べたい.

この関係式のために, μ_0 と ε_0 はどちらか一方を決めると, 他方は(大きさと次元が)自動的に決まる. これは, 電気と磁気が独立のものではなく, 光速 c_0 で特徴づけられる電磁現象の別の側面にすぎないことを示唆している(図 4.4).

電磁波に言及せずとも, 電磁気の初等的な状況においても c_0 は登場する. 速度 v_1, v_2 で等速運動する電荷 q_1, q_2 のあいだに働く電気力 F_e と磁気力 F_m

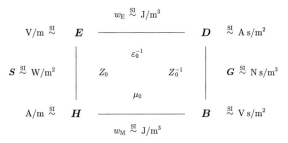

図 4.5 電磁気における 4 つの場の積と比．外周はそれぞれの積であり，w_E, w_M は電気的，磁気的エネルギー密度，$\boldsymbol{S}$, $\boldsymbol{G}$ はポインティング・ベクトル，運動量密度を表す．内周は比（比例定数）を表す．対角の動的変数の比は $c_0^{\pm 1}$ であるが，積に物理的な意味はない．

の比が，

$$\frac{F_\mathrm{m}}{F_\mathrm{e}} = \varepsilon_0\mu_0 v_1 v_2 = \frac{v_1 v_2}{c_0^2} \tag{4.13}$$

となることは簡単に確かめられる（式(4.15)，式(4.19)参照）．

すでに述べたように，電場と磁場，F 場と S 場の組み合わせである 4 つの場 $\boldsymbol{E}$, $\boldsymbol{D}$, $\boldsymbol{B}$, $\boldsymbol{H}$ が電磁場を表すのに必要である．真空中でのそれら相互の関係を図 4.5 にまとめておく．比は物理定数を用いて表される．積はエネルギー密度などのさまざまな量を与える．ガウス単位系では，真空中では $\boldsymbol{E} = \boldsymbol{D}$, $\boldsymbol{B} = \boldsymbol{H}$ であることから 2 種類の場しか考えない傾向にあるが，このことは電磁場の正しい理解を妨げている（→コラム「マクスウェルは 4 種類の場を考えていた」，→コラム「EH 対応と EB 対応」，→コラム「$\boldsymbol{D}$, $\boldsymbol{H}$ の測り方」）．

4.3.4 電気力・磁気力に関する法則

一般に電磁気学の教程はクーロンの法則やビオ・サバールの式のような力に関する経験則から始めて，マクスウェル方程式に到達するという道程をとることが多い．そのためもあって，諸法則がマクスウェル方程式から導出されることを確認する機会は少ない．しかし，電磁気学を教える立場にある人にとって，この確認作業を 1 度は行って，体系全体を見渡す視点を得ることが重要である．特に，近接作用の方程式から遠隔作用の表式が導き出される過程を見ておく必要がある．ここでは単位の現示に使われてきた電荷間，電流間に働く

力がマクスウェル方程式の4つの式，ローレンツ力の式，そして構成方程式を組み合わせて導出されることを示す(デルタ関数の扱いに注意が必要だが，初等的な計算である).

原点におかれた電荷 $q_1 \overset{\text{SI}}{\sim} \text{C}$ は電荷密度 $\rho(\boldsymbol{x}) = q_1\delta^3(\boldsymbol{x})$ を与える. $\delta^3(\boldsymbol{x}) = \delta(x)\delta(y)\delta(z) = \delta(r)/(2\pi r^2)$ は3次元デルタ関数である. これを極座標 (r, θ, ϕ) で表された $\text{div}\,\boldsymbol{D} = \varrho$, $\text{curl}(\boldsymbol{D}/\varepsilon_0) = 0$ に代入し，点対称性 $\partial/\partial\theta = \partial/\partial\phi = 0$ と適当な境界条件の元で解くと

$$\boldsymbol{D}(\boldsymbol{x}) = \frac{q_1}{4\pi r^2}\boldsymbol{e}_r \tag{4.14}$$

が得られる. ただし，$\boldsymbol{x} = r\boldsymbol{e}_r$ とおいた.

ここで因子 $1/(4\pi)$ の起源を確認しておきたい. 幾何学的には，点電荷から総量 q_1 の電束が等方的に放出されており，半径 r の球面の表面積 $4\pi r^2$ で割ることで電束密度の大きさ $D = q_1/(4\pi r^2)$ が得られている. すなわち，3次元空間における点対称解の性質として $1/(4\pi)$ が出現している.

さらに，真空の構成方程式 $\boldsymbol{E} = \varepsilon_0^{-1}\boldsymbol{D}$ および電気力の式 $\boldsymbol{F}_\text{e} = q_2\boldsymbol{E}$ と組み合わせることで，クーロンの式が得られる；

$$\boldsymbol{F}_\text{e} = \frac{q_1 q_2}{4\pi\varepsilon_0 r^2}\boldsymbol{e}_r \tag{4.15}$$

原点を通る電流 I_1 の線要素 $\Delta\boldsymbol{l}_1$ の部分が，位置 $\boldsymbol{x}$ につくる磁場はビオ・サバールの式

$$\Delta\boldsymbol{H}(\boldsymbol{x}) = \frac{I_1}{4\pi}\frac{\Delta\boldsymbol{l}_1 \times \boldsymbol{e}_r}{r^2} \tag{4.16}$$

で与えられる. これも電磁気の基本方程式から導くことができるが，電流の断片の両端には電荷が蓄積されるため，変位電流を考慮する必要があり，複雑になるので，ここではより簡単な無限直線電流がつくる磁場を求めてみよう. 円筒座標 (ρ, ϕ, z) を用いる. 電流密度は $\boldsymbol{J}(\boldsymbol{x}) = I_1\delta(x)\delta(y)\boldsymbol{e}_z = I_1(\delta(\rho)/\pi\rho)\boldsymbol{e}_z \overset{\text{SI}}{\sim}$ A/m^2. $\text{curl}\,\boldsymbol{H} = \boldsymbol{J}$, $\text{div}(\mu_0\boldsymbol{H}) = 0$ をそれぞれ円筒座標で表し，線対称性 $\partial/\partial\phi = \partial/\partial z = 0$ を仮定，さらに境界条件を考慮すると，

$$\boldsymbol{H}(\boldsymbol{x}) = \frac{I_1}{2\pi\rho}\boldsymbol{e}_\phi \tag{4.17}$$

が得られる.磁気力の式 $\Delta \boldsymbol{F}_\mathrm{m} = I_2 \Delta \boldsymbol{l}_2 \times \boldsymbol{B}$ を組み合わせると,

$$\Delta \boldsymbol{F}_\mathrm{m} = \frac{\mu_0}{2\pi\rho}(I_2\Delta \boldsymbol{l}_2) \times (I_1 \boldsymbol{e}_\phi) \tag{4.18}$$

が得られる.

また,電荷 q_1, q_2 がそれぞれ $\boldsymbol{v}_1$, $\boldsymbol{v}_2$ で運動している場合の磁気力は

$$\boldsymbol{F}_\mathrm{m} = \frac{\mu_0}{4\pi}\frac{q_1 q_2}{r^2}\boldsymbol{v}_2 \times (\boldsymbol{v}_1 \times \boldsymbol{e}_{12}) \tag{4.19}$$

と表せる.$\boldsymbol{e}_{12}$ は電荷 q_1 から電荷 q_2 へ向かう単位ベクトルである.

4.3.5 力による電磁気量の定量化

マクスウェルやそれ以前の時代には,電荷や電流の大きさを定量的に測るためには,力に還元する必要があった.電気,磁気の実験技術が未成熟であったことも原因であるが,そもそも,電気も磁気も空間を超えて働く不思議な力として認識されてきたこともあり,その生成源よりも,結果としての力を用いて定量化しようというのは自然な考えであった.当時は電荷や電流の実体である電子やイオンなどもいまだ発見されていなかった.ちなみに,J.J.トムソンによって,電子(陰極線)が発見されたのは 1897 年のことである.

一方で,実用的必要から,電池の起電力を電圧標準としたり,決められたサイズの容器に収められた水銀を抵抗標準とすることは行われていた.これらの方式は実用単位と呼ばれていた.しかしながら,再現性の問題や値の決め方に恣意性があることから,力による定量が重要視された.電磁量の力学量への還元は「絶対測定」と呼ばれた[*1].

絶対測定においては,電気力,磁気力という 2 つの選択肢がある.これに対応して,CGS esu (electrostatic units, 静電単位系),CGS emu (electro-magnetic units, 電磁単位系)[*2]という 2 つの単位系が共存することになったのである.なお,電流が電荷の流れであることを了解すれば,電荷,電流のど

[*1] ガウスは磁場の定量化に際して,特定の磁石や特定の場所の地磁気を標準にすることは,必然性に欠け,再現性にも問題があり望ましくないと考えた.すでに確立されている量(この時代では力学の基本量)に還元する方法を重要視し,これを絶対測定と名づけた.ここで基本単位,組み立て単位,一貫性といった単位系の基本的な概念が提示されていたと考えられる.この考えはウェーバーに受け継がれ,その後の CGS emu 単位系や CGS esu 単位系へと発展することになる.

[*2] 電流の磁気作用を利用していることを表わしている.

ちらか一方を定量すれば十分である．力は，長さ，質量，時間に対する基本単位を用いて表わせるので，電磁量もこれら3つで表現できる．このような単位系を3元単位系と呼ぶ(第5章5.1.1参照)．

技術の進歩によって，電磁量に比べて，力学量の方が不確かさが大きい(特に，キログラム原器に起因する不確かさが大きい)状況になり，光や原子，電子の性質を利用した「量子標準」への移行が進められた．旧SIにおける，力によるアンペアの定義は「絶対測定」という過去の遺産である．実用的には，量子ホール効果やジョセフソン効果による抵抗標準や電圧標準が利用されてきた．アンペアの定義も，2018年の改定SIでは，素電荷を基準にしたものに変更されることになった．

これからは複数の単位系を扱うので，それらを区別するために，各量に表4.2に示すような添字を付けることにする．SIについては省略する場合もある．

CGS esu 単位系 基準となる電荷の大きさをそれらのあいだに働く力によって定めている．実際の実験では，平行平板コンデンサに電荷を蓄え，電極間の力を天秤で測ることが一般的に行われていた．ここでは簡単のために r だけ隔たった2つの点状の電荷 q_1, q_2 のあいだに働く力 $F = (1/4\pi\varepsilon_0)(q_1 q_2/r^2)$ について考える．CGS esu では，比例係数が1となるように，電荷の大きさと次元を定める．電荷に対して

$$q_{\mathrm{esu}} := \frac{1}{\sqrt{4\pi\varepsilon_0}} q \overset{\mathrm{SI}}{\sim} \sqrt{\mathrm{N}}\,\mathrm{m} \tag{4.20}$$

のような変数を導入することで，式(4.15)から

$$F = \frac{q_{1,\mathrm{esu}} q_{2,\mathrm{esu}}}{r^2} \tag{4.21}$$

のような簡単な関係式が得られる．力と距離を知れば，電荷の大きさ $q_{\mathrm{esu}} = \sqrt{Fr}$ が計算される．CGSでは，力の単位は dyn ($= 10^{-5}$ N)，長さの単位は cm であるので，電荷の単位は $\sqrt{\mathrm{dyn}}$ cm となる．

3元単位系では，電磁量の単位に $\sqrt{\mathrm{N}}, \sqrt{\mathrm{dyn}}$ のように力の平方根が現れる．

CGS emu 単位系 電流のあいだに働く力によって電流の大きさを定めている．距離 d だけ隔てて平行におかれた電線1, 2の電流をそれぞれ，I_1, I_2 と

おく．電線 2 の長さ Δl_2 の部分に働く力 ΔF は，$\Delta F = (\mu_0/2\pi)(\Delta l_2 I_1 I_2/d)$ と表せる．比例係数を簡単にするため，電流に対して

$$I_{\mathrm{emu}} := \sqrt{\frac{\mu_0}{4\pi}} I \overset{\mathrm{SI}}{\sim} \sqrt{\mathrm{N}} \qquad (4.22)$$

のような変数を導入すると，式 (4.18) は，

$$\Delta F = 2 \frac{\Delta l_2}{d} I_{1,\mathrm{emu}} I_{2,\mathrm{emu}} \qquad (4.23)$$

のように簡単化できる．新たな電流の CGS emu における単位は $\sqrt{\mathrm{dyn}}$．電荷については

$$q_{\mathrm{emu}} = \sqrt{\frac{\mu_0}{4\pi}} q \overset{\mathrm{SI}}{\sim} \sqrt{\mathrm{N}}\,\mathrm{s} \qquad (4.24)$$

であり，CGS emu における電荷の単位は $\sqrt{\mathrm{dyn}}\,\mathrm{s}$ である．

4.4 マクスウェルと光速と回路

4.4.1 ウェーバー・コールラウシュの実験

マクスウェル方程式が成立する少し前，ウェーバーとコールラウシュは，電気力を基準に定められた電荷の大きさと磁気力を基準に定められた電流から決まる電荷の大きさの比を求める実験を行った [9, 10]．具体的には，当時使われていた 2 つの単位系，すなわち，静電単位系 (esu)，電磁単位系 (emu) における電荷単位の大きさの比であり，速度の次元をもっている．

同じ大きさの電荷 q を電気力，磁気力を基準に測った q_{esu}，q_{emu} (式 (4.20)，式 (4.24)) を比較すると，

$$c_{\mathrm{W}} := \frac{q_{\mathrm{esu}}}{q_{\mathrm{emu}}} = \frac{1}{\sqrt{\mu_0 \varepsilon_0}} \overset{\mathrm{SI}}{\sim} \mathrm{m/s} \qquad (4.25)$$

となる．この式が光速を与えることは，今では知られているが，その時点では単に 2 つの単位系間を変換するための係数にすぎなかった．SI の観点からも，真空の誘電率 ε_0，透磁率 μ_0 から求められる定数にすぎない．

比 c_{W} を求める具体的な実験 [9] は以下のとおりである (図 4.6)．コンデンサ (ライデン瓶) に蓄えられた電荷 $q = Cv$ を esu で評価する．$q_{\mathrm{esu}} = q/\sqrt{4\pi\varepsilon_0}$，

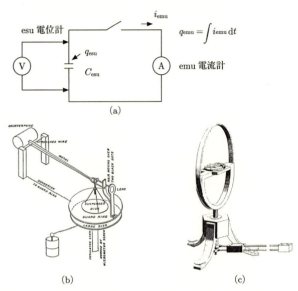

図 4.6 (a)ウェーバー・コールラウシュの実験の等価回路. (b)電極に蓄えられた電荷間の力を測る電位計(esu)[11]. (c)地球磁場とコイルがつくる磁場を比較するウェーバーの正接検流計(emu)[8]. これらに類似の装置を用いて実験が行われた.

$v_{esu} = \sqrt{4\pi\varepsilon_0}v$ であり, $C_{esu} = C/4\pi\varepsilon_0$ と考えれば, $q_{esu} = C_{esu}v_{esu}$ が成り立つ. C_{esu} は標準コンデンサ, 例えば, 他の導体から十分離れた半径 R の球状導体のキャパシタンスが $C_{sphere,esu} = C_{sphere}/4\pi\varepsilon_0 = R$ であることを利用して決定できる. 電圧 v_{esu} は電位計を用いて測定される. 電位計は平行平板コンデンサ(極板の面積 S, 極板間の距離 d)の極板間に働く力 F を測るものである. $F = (1/2)\varepsilon_0 S(v/d)^2 = (1/2)S(v_{esu}/d)^2$. すなわち, $v_{esu} = d\sqrt{2F/S}$. これらの準備によって, ライデン瓶に蓄えられた初期電荷 q_{esu} が決定できる.

この電荷を円形コイルを通して放電する. この電流は時間の関数となるが, 積分することで電荷 $q = \int_0^\infty i(t)dt$ を定めることができる. 半径 R, 巻数 N の円形コイルの中心の磁場は, $B = \mu_0 Ni/2R$. $B_{emu} = \sqrt{4\pi/\mu_0}B$, $i_{emu} = \sqrt{\mu_0/4\pi}$ であり, $B_{emu} = 2\pi Ni_{emu}/R$. これを正接検流計を用いて, あらかじめ測定されている地磁気 $B_{0,emu}$ と比較し, 積分することで, i_{emu} の積分値 q_{emu} が決定される.

ウェーバーとコールラウシュの測定結果は $c_\mathrm{W} = q_\mathrm{esu}/q_\mathrm{emu} \sim 3.1 \times 10^8$ m/s であった.

衝撃型正接検流計——アナログ積分器 円形コイルをその中心での磁場が,地磁気(の水平成分) B_0 と直交するように置く.中央には磁針をおく.磁針の振れ角 θ の運動方程式は

$$I\frac{\mathrm{d}^2\theta}{\mathrm{d}t^2} + MB_0 \sin\theta = MGi\cos\theta \tag{4.26}$$

である. I は磁針の慣性モーメント, M は磁気モーメントである. G は電流あたりの磁場を与える.定常状態では $\tan\theta = (G/B_0)i$ で電流が測定できることから,正接(tangent)検流計と呼ばれている.

$t<0$ において, $\theta=0$, $\mathrm{d}\theta/\mathrm{d}t=0$ であったとする.時刻 $t=0$ において電流 $i(t)$ が,針の自由振動の周期 T に比べて短い時間 $[0,\tau]$ にだけ流れた場合を考える ($\tau \ll T$).電流を $i(t) = q\delta(t)$ と近似することができる. $q = \int_0^\tau i(t)\mathrm{d}t$ である. $t=0$ 近傍では運動方程式は, $I\mathrm{d}^2\theta/\mathrm{d}t^2 = MGq\delta(t)$ で近似することができる(衝撃近似).これを解くと,衝撃直後の針の角速度 $(\mathrm{d}\theta/\mathrm{d}t)(\tau) = MGq/I$ が求められる.その後はこれと $\theta(\tau)=0$ を初期条件にした自由運動を求めればよい.簡単のために小振幅 $|\theta| \ll 1$ を仮定すると,周期は $T = 2\pi\sqrt{I/MB_0}$,針の運動は $\theta(t) = (2\pi/T)(Gq/B_0)\sin(2\pi t/T)$ となる. $q = \theta(T/4)(T/2\pi)(B_0/G)$ から,電荷 q を求めることができる.針の磁気モーメントにはよらないことに注意する.

4.4.2 マクスウェルの慧眼——光は電磁波だ

光の速さは日常的なスケールでは,無限と見なしても差し支えないほど大きく,その測定は容易ではなかった.歴史的には,ガリレオの時代に天文学の観測(木星の衛星イオの公転周期の見かけの変動)から,光速の有限性が認識され,正しいオーダーの値が求められていた.

19世紀半ばになって,地上における直接的な測定が行われるようになった.フーコーやフィゾーは,長い往復光路に置かれた鏡やチョッパーを高速で回転させることで, 1% 程度の精度で光速を求めることに成功していた.

マクスウェル(図4.7)は,ウェーバーとコールラウシュの測定結果 $c_\mathrm{W} \sim 3.1$

図 4.7 マクスウェル(James Clerk Maxwell, 1831-1879年). 背景にあるのが抵抗の絶対測定のための装置(5.4 節参照). 地磁気の中で鉛直軸の周りに回転するコイルが正弦波電圧を発生する. コイルのインダクタンスと抵抗によって決まる電流を中央に吊るされた小さい磁石で検出している.

$\times 10^8$ m/s の大きさが, 当時, 直接的に測定されていた光の速度と符合することに注目した. 彼はこれが偶然の一致ではなく, 光が電磁気的な波動であることの帰結であると確信し, その理論的裏付けを行った. 特に, 変位電流項 $\partial \boldsymbol{D}/\partial t$ の導入が決定的に重要であった.

また, 自分自身でも測定精度を高めるべく同様の実験を行った(図 4.8)[12]. 彼は「この光速の測定法において, 光は測定器を見るのにしか使われていない」と冗談まじりに述べている[7]:

(In the Weber and Kohlrausch experiment,) Only use made of light in the experiment was to see the instruments.

逆にいえば, それまで光はどう見ても電気や磁気に関係しているとは思えなかったということである:

The value of V found by Foucault was obtained by determining the angle through which a revolving mirror turned, while the light reflected by it went and returned along a measured course. No use whatever was made of electricity and magnetism.

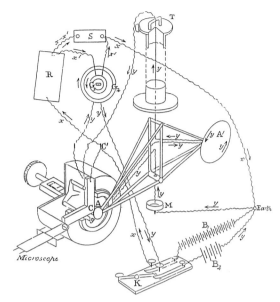

図 4.8 マクスウェルの光速(c_W)測定装置[12]．ねじり秤の一方の腕にコイル，もう一方の腕にコンデンサの電極がついており，磁気力と電気力を釣り合わせる構造になっている．

電磁気の係数 c_W の測定は，その意図を大きく超えて，人類が長年にわたり追求してきた，光の本性についに辿り着くきっかけとなった，重要な実験である（→コラム「LC 共振回路による c_0 と Z_0 の測定」）．

電気・磁気との関係がより明瞭な「電波」がヘルツによって発見されたのは 1888 年である．しかし，残念なことにマクスウェルはその 10 年前に世を去っていた．

測定後，しばらくのあいだは c_W は 2 つの単位系の変換のための定数という位置づけに留まっていた．マクスウェルの関係式(4.12)も経験則の域を出るものではなかった．これが「真空中の光速」という普遍定数の地位を獲得するのは，ローレンツ変換(1897 年)や相対論(1905 年)の時代になってからのことである．

その後も，マイケルソンをはじめとする実験家によって，各時代の最新技術を駆使して光速の精密測定が続けられた．1940 年代にはマイクロ波空洞共振器を用いた実験，1970 年代にはレーザーによる実験が行われるようになり，

測定値の不確かさは 1 m/s 以下となった．当時，メートル原器に置き換わっていた，クリプトン 86 ランプの波長による長さ標準の不確かさのほうが大きくなるようになり，さらなる精度向上は望めない状態に達した[13]．この事態を打開するため，1983 年の国際度量衡総会（CGPM）において，真空中の光の速度が定義値化された．すなわち，原子時計で得られる 1 秒と組み合わせて，長さの単位 1 メートルの大きさが実現されることになったのである[3]．つまり，光速が長さを決める「ものさし」に採用されたのである．

4.4.3　真空のインピーダンス——源と力を関係づける

μ_0, ε_0 からつくられる，c_0 に相補的な量として

$$Z_0 = \sqrt{\frac{\mu_0}{\varepsilon_0}} \overset{\mathrm{SI}}{\sim} \Omega \tag{4.27}$$

が考えられる．これは真空のインピーダンスと呼ばれる量で，η_0 と表されることもある．後に示すように，Z_0 は真空中の平面電磁波の $\boldsymbol{E}$ と $\boldsymbol{H}$ の大きさの比であり，光速と同様に電磁波を特徴づける重要な量である．図 4.4 に示すように，定数の組 (μ_0, ε_0) と (c_0, Z_0) は一方から他方が導ける関係にある．また，$Y_0 := Z_0^{-1}$ は真空のアドミタンスと呼ばれる．

対 (c_0, Z_0) を用いると，真空の構成方程式 (4.11) は

$$\begin{bmatrix} \boldsymbol{E} \\ c_0 \boldsymbol{B} \end{bmatrix} = Z_0 \begin{bmatrix} c_0 \boldsymbol{D} \\ \boldsymbol{H} \end{bmatrix} \tag{4.28}$$

のように，統合的に書き直すことができる．本章 4.4.5 に示すように，相対論的には，$\boldsymbol{E} \overset{\mathrm{SI}}{\sim} c_0 \boldsymbol{B}$ ($\overset{\mathrm{SI}}{\sim}$ V/m)，$c_0 \boldsymbol{D} \overset{\mathrm{SI}}{\sim} \boldsymbol{H}$ ($\overset{\mathrm{SI}}{\sim}$ A/m) はそれぞれ 2 階の反対称テンソル（微分形式）を構成するが，Z_0 はそれらのテンソル間を関係づける定数と位置づけられる．

また，源と力場の関係を表す式として，原点付近の体積 Δv における電荷密度 ϱ，電流密度 $\boldsymbol{J}$ の距離 r 離れた点のポテンシャルへの寄与は

$$\begin{bmatrix} \Delta \phi \\ c_0 \Delta \boldsymbol{A} \end{bmatrix} = \frac{Z_0}{4\pi r} \begin{bmatrix} c_0 \varrho \\ \boldsymbol{J} \end{bmatrix} \Delta v \tag{4.29}$$

のように，Z_0 により統一的に表される．

真空のインピーダンスはマクスウェルの時代にはあまり意識されていなかった．真空のインピーダンスが文献に明示されるのは，1938 年のシェルクノフの論文が最初である[14]．マクスウェル方程式の成立から，75 年が経過していたことになる．

SI の前身である MKSA 単位系（さらにその前身の，1901 年にジョルジによって提案された MKSΩ 単位系[15]）が普及しはじめたことや，高周波，マイクロ波技術の進展によって，ようやくその存在が認識されるようになったのである．すでに見たように，Z_0 は電磁波の文脈のみならず，電磁気学全般にかかわる重要な定数である[16]．しかし，現在においても，電磁気の教科書で触れられることは少ない．理由の 1 つに，ガウス単位系においては，Z_0 は無次元量 1 になってしまうことがある．esu, emu でも c_0^{-1}, c_0 に等しいために，埋没してしまう．

4 元単位系の枠組みでは，表 4.1 や図 4.3 に現れているように，アンペアに比例する S 場と，ボルトに比例する F 場の共役関係が基本構造である．したがって，両者を結ぶ抵抗の次元をもつ定数の存在は必然といえる．

MKSA が定着してからも，c_0 に対する近似値と，μ_0 の定義値を用いて，$Z_0 = c_0\mu_0 \sim 3\times 10^8$ m/s $\times 4\pi \times 10^{-7}$ H/m $= 120\pi$ Ω となることから，記号 Z_0 の代わりに，じかに 120π Ω と書かれることが多かった[17]．なかなか表舞台に立てない Z_0 であるが，2018 年の SI の改定後は徐々に普遍定数としての存在感を増すものと期待される．改定時点での値は次のとおりである．

$$Z_0 = 376.730\,313\,668(57)\ \Omega \qquad (4.30)$$

真空のインピーダンスの有用性 電磁波以外の文脈でも Z_0 は有効な物理量である．電磁相互作用の大きさを特徴づける無次元量である微細構造定数 α は

$$\alpha := \frac{e^2}{4\pi\varepsilon_0\hbar c_0} = \frac{Z_0}{2R_\mathrm{K}} \qquad (4.31)$$

のように量子ホール効果におけるフォン・クリッツィング定数

$$R_{\text{K}} = h/e^2 \sim 25.813 \text{ k}\Omega \tag{4.32}$$

と真空のインピーダンス $Z_0 \sim 376.73\,\Omega$ の比として，簡潔に表される．なお，α は，ペニングトラップ中の電子の磁気モーメントの測定と量子電磁力学 (QED) の成果を用いて，驚異的な精密さで定められている物理量である．

$$\alpha^{-1} = 137.035\,999\,084(21) \tag{4.33}$$

また，無次元の物理定数は単位系によらない普遍性をもつことから，特に重要視される．

力の観点から，素電荷 e に相当する磁荷あるいは磁束は $g_e = Z_0 e$ である．$((1/4\pi\varepsilon_0)(e^2/r^2) = (\mu_0/4\pi)(g_e^2/r^2)$ から求められる．) 一方，ディラックの磁気モノポール $g_0 = h/e$ や磁束量子 $\Phi_0 = K_J^{-1} = h/(2e)$ は g_e を用いて，それぞれ，

$$g_0 = 2\Phi_0 = \frac{g_e}{2\alpha} \tag{4.34}$$

のように表すことができる．なお，R_{K}, K_J（ジョセフソン定数）は新 SI では，h と e の定義値化に伴っていずれも定義値となる．

また，プランク単位系に現れるプランク電荷 $q'_{\text{P}} := \sqrt{4\pi\varepsilon_0 \hbar c_0} = \sqrt{4\pi\hbar/Z_0}$ $(= \sqrt{4\pi} q_{\text{P}})$ も Z_0 を用いると簡単に表せる．（第 7 章 7.1.4 参照）

このように，真空のインピーダンス Z_0 は普遍定数としてさまざまな場面に登場するのだが，μ_0, ε_0, c_0 を使った表記が一般的であるために見逃されている．ガウス単位系の式を SI のものに置き換えると，複雑になると思われがちであるが，Z_0 を用いると見通しがよくなる場合が多い．

実用的にも，$c_0 \sim 3.0 \times 10^8$ m/s と $Z_0 \sim 377\,\Omega$ さえ覚えておけば，ε_0, μ_0 の値はすぐに計算できる．

本来，c_0 は電磁気というより，時空間に付随する定数である．それは次元的に見ても明らかなことである．光子以外の素粒子たちも，電荷の有無にかかわらず，高エネルギー極限ではほぼ c_0 で運動している．重力波も c_0 で伝搬していると考えられている．相対論に c_0，量子論に $\hbar$，重力理論に G を対応づけるのであれば，電磁気には Z_0 を対応づけるべきである．「Z_0 の登場しない電磁気学の教科書は，$\hbar$ のない量子論の教科書と同じ」ということである．

真空のインピーダンスの数値 $\{Z_0\} = Z_0/\Omega$ の意味について考えてみよう．仮にアンペア（あるいはクーロン）の大きさの定義が少し変わって $\mathrm{A}' = k\mathrm{A}$ になったとしよう．$\mathrm{W} = \mathrm{V}\mathrm{A} = \mathrm{V}'\mathrm{A}'$ の大きさは変わらないので，ボルトの大きさは $\mathrm{V}' = k^{-1}\mathrm{V}$ に，オームの大きさは $\Omega' = k^{-2}\Omega$ と修正される．その結果，$\{Z_0\}' = k^2\{Z_0\}$ となる．数値 $\{Z_0\}$ は，A に比例する S 量と，V に比例する F 量に対する数値の大きさの配分を決定する役割を担っている．このように，Z_0 の数値は基本単位の大きさに依存するが，それは次元をもつすべての物理定数に共通することである．

真空のインピーダンスの物理的意味に関しては，4.6 節においてさらに詳しく調べる．

4.4.4　マクスウェル方程式の平面波解と光速

マクスウェル方程式からその波動解（平面波解）を求める過程において，(ε_0, μ_0) から (c_0, Z_0) が現れる様子を確認しておこう．一般に，波動解を求める方法は画一化されている．ベクトル解析の公式 $\mathrm{curl}\,\mathrm{curl} = -\nabla^2 + \mathrm{grad}\,\mathrm{div}$ を使い，電場と磁場に対するベクトル波動方程式 $(\nabla^2 - c_0^{-2}\partial_t^2)\boldsymbol{E} = 0$ などを導くというものである．試験問題や練習問題の定番であるが，手順が天下り的で，波動との関係づけという以外，電磁波の特徴を必ずしもよく表しているとはいえない．電場ベクトルの 3 成分（や磁場ベクトルの 3 成分）が独立に波動方程式を満たしても，伝搬モードとしての条件は一般に満たさない．さらに，真空のインピーダンス Z_0 の役割，つまり電場と磁場の関係性がよく見えない．マクスウェルは 4 種類の場の役割を考慮した物理的な方法で平面波解を導いている [7]．

波動の様子がよく分かる方法を考えよう．出発点はマクスウェル方程式と真空の構成方程式である．変数を消去する際，しばしば，$\boldsymbol{E}, \boldsymbol{B}$ を残す方法がとられるが，いくつかの点で適切とはいえない．(i) 元のマクスウェル方程式で，$\boldsymbol{E}$ と $\boldsymbol{B}$ は同じ式（電磁誘導の式）に含まれておりバランスが悪い；(ii) 媒質境界へ垂直入射する場合，$\boldsymbol{B}$ に対する境界条件を設定できない；(iii) ポインティング・ベクトルが $\boldsymbol{S} = \boldsymbol{E} \times \boldsymbol{H} \stackrel{\mathrm{SI}}{\sim} \mathrm{W/m}^2$ である；(iv) 重要なパラメータである真空のインピーダンス Z_0 が現れない（媒質境界での反射は E と H の比で

ある，波動インピーダンスの不整合で決まる．E と B の比は媒質によらず c_0 である)．

これらを考慮すると，電磁波の扱いでは E, H を残す方が合理的である；

$$\nabla \cdot (\varepsilon_0 E) = 0, \quad \nabla \cdot (\mu_0 H) = 0,$$

$$\nabla \times H = \varepsilon_0 \frac{\partial E}{\partial t}, \quad \nabla \times E = -\mu_0 \frac{\partial H}{\partial t} \tag{4.35}$$

ある方向(z-軸)に垂直な面内で場のすべての量が一様である場合，すなわち平面波を考える．すなわち，$\frac{\partial}{\partial x} = \frac{\partial}{\partial y} = 0$, $\nabla = e_z \frac{\partial}{\partial z}$ とおく．さらに，ベクトル場を z-成分と残りの成分(横成分)に分ける；

$$E = E_t + E_z e_z, \quad H = H_t + H_z e_z \tag{4.36}$$

マクスウェル方程式に代入すると，縦成分 E_z, H_z は時間的，空間的に一様であることが分かり，波動としては考える必要がない．一方，横成分は

$$\frac{\partial}{\partial z} e_z \times H_t = \varepsilon_0 \frac{\partial}{\partial t} E_t, \quad \frac{\partial}{\partial z} e_z \times E_t = -\mu_0 \frac{\partial}{\partial t} H_t \tag{4.37}$$

を満たす．1つめの式に $Z_0 = \sqrt{\mu_0/\varepsilon_0}$ をかけ，2つめの式に $e_z \times$ を作用させてから，和と差をとると，

$$\left(\frac{\partial}{\partial z} \pm \frac{1}{c_0} \frac{\partial}{\partial t} \right) F_\pm = 0 \tag{4.38}$$

ただし，

$$F_\pm := E_t \mp e_z \times (Z_0 H_t) = \mp c_0 e_z \times \{B_t \pm e_z \times (Z_0 D_t)\} \tag{4.39}$$

である．z-成分をもたないベクトルに，$e_z \times$ を作用させると，xy-面内で $\pi/2$ 回転する．さらにもう1度作用させると，反転することに注意する：$e_z \times (e_z \times E_t) = -E_t$．

1階偏微分方程式(4.38)は，それぞれ変数変換 $\zeta_\pm = z \pm c_0 t$ を行うと，$(\partial/\partial \zeta_\pm) F_\pm = 0$ となり，簡単に解くことができる；

$$F_\pm(z,t) = 2f_\pm(z \mp c_0 t) \tag{4.40}$$

任意関数 $f_\pm(z)$ は位置のみの関数であり，z-成分はもたない．これらにより，

$$E_t(z,t) = f_+(z-c_0t) + f_-(z+c_0t) = \varepsilon_0^{-1} D_t$$
$$H_t(z,t) = \frac{1}{Z_0} e_z \times [f_+(z-c_0t) - f_-(z+c_0t)] = \mu_0^{-1} B_t \quad (4.41)$$

が得られる．これから，

$$Z_0 = \pm \frac{E_{t\pm}}{H_{t\pm}} = \pm \frac{B_{t\pm}}{D_{t\pm}} \quad (4.42)$$

であることが分かる．

式(4.41)は真空中の平面電磁波の特徴を完全に表している：(1)速さ c_0 での波形を変えない無分散伝搬，(2)前進波／後進波の存在，(3)横波性，(4)電場と磁場の直交性，(5)真空のインピーダンス Z_0 の役割(Z_0 の物理的意味については後に述べる)．

4.4.5 相対論と単位系

電磁気学のローレンツ共変性を見るために，4次元の反対称テンソルを用いてSIの電磁方程式を書き直してみよう．このような場面では，ガウス単位系や c_0 を1とする自然単位系が使われることが多く，SIは不適であるという誤解を生んでいる．しかし，実際には，S場，F場に対応する2つの2階反対称テンソルと，Z_0 の導入によって，従来の扱いに比べて相対論における電磁場の構造が分かりやすくなることを示す．

まず，S場 D, H からなる2階の反対称テンソル[*3]

$$(G_{\alpha\beta}) := \begin{bmatrix} 0 & H_x & H_y & H_z \\ -H_x & 0 & c_0 D_z & -c_0 D_y \\ -H_y & -c_0 D_z & 0 & c_0 D_x \\ -H_z & c_0 D_y & -c_0 D_x & 0 \end{bmatrix} \overset{\text{SI}}{\sim} \text{A/m} \quad (4.43)$$

と ϱ, J からなる3階の反対称テンソル

[*3] 4次元の微分形式(differential form)に準拠した式を示す．微分形式の理論では，場の量はすべて，反対称共変テンソル(下添字)で表される．

4 電磁気の単位とマクスウェル方程式

$$J_{\alpha\beta\gamma} = J^\delta \varepsilon_{\delta\alpha\beta\gamma}, \quad (J^\alpha) := \begin{bmatrix} c_0\varrho \\ J_x \\ J_y \\ J_z \end{bmatrix} \overset{\text{SI}}{\sim} \text{A/m}^2 \tag{4.44}$$

を導入する．$\varepsilon_{\alpha\beta\gamma\delta}\,(\alpha,\beta,\gamma,\delta=0,1,2,3)$ は完全反対称テンソルである；

$$\varepsilon_{\alpha\beta\gamma\delta} = \begin{cases} 1 & (\alpha\beta\gamma\delta \text{ がサイクリック}) \\ -1 & (\text{反サイクリック}) \\ 0 & (\text{その他}) \end{cases} \tag{4.45}$$

4 次元の場合，p 階の反対称テンソル $(p=0,\ldots,4)$ の自由度は ${}_4C_p$ であることに注意する．さらに，微分演算子

$$(\partial_\beta) = \begin{bmatrix} c_0^{-1}\partial_t \\ \partial_x \\ \partial_y \\ \partial_z \end{bmatrix} \overset{\text{SI}}{\sim} 1/\text{m} \tag{4.46}$$

を導入する．すると，源に関する式 $\text{div}\,\boldsymbol{D} = \varrho$, $\text{curl}\,\boldsymbol{H} - \partial_t \boldsymbol{D} = \boldsymbol{J}$ が 1 つの式にまとめられる．

$$\partial_{[\alpha} G_{\beta\gamma]} = J_{\alpha\beta\gamma}/6 \tag{4.47}$$

添字が "[ ]" で囲まれた部分については反対称化を行う．例えば，$X_{[\alpha\beta]} = X_{\alpha\beta} - X_{\beta\alpha}$．

同じく，F 場 $\boldsymbol{E}$, $\boldsymbol{B}$ に関しては，2 階のテンソル

$$(F_{\alpha\beta}) := \begin{bmatrix} 0 & -E_x & -E_y & -E_z \\ E_x & 0 & c_0 B_z & -c_0 B_y \\ E_y & -c_0 B_z & 0 & c_0 B_x \\ E_z & c_0 B_y & -c_0 B_x & 0 \end{bmatrix} \overset{\text{SI}}{\sim} \text{V/m} \tag{4.48}$$

を導入すると，curl $\boldsymbol{E}+\partial_t\boldsymbol{B}=0$, div $\boldsymbol{B}=0$ は

$$\partial_{[\alpha}F_{\beta\gamma]}=0 \tag{4.49}$$

とまとめられる[*4][*5]．

相対論において，4次元のテンソルで表されるS場 $G_{\alpha\beta}$, F場 $F_{\alpha\beta}$ は真空の構成方程式

$$F_{\alpha\beta}=Z_0\left(*G_{\alpha\beta}\right) \tag{4.50}$$

で関係づけられる．ただし，ホッジの星型作用素[*6]"$*$"は，2階のテンソルについては

$$*G_{\alpha\beta}=\varepsilon_{\alpha\beta\gamma\delta}g^{\gamma\gamma'}g^{\delta\delta'}G_{\gamma'\delta'} \tag{4.51}$$

と定義される．ここで，$g^{\alpha\beta}$ は計量テンソルであり，diag$(-1,1,1,1)$ と定義される．$**=-1$ であることに注意する．$\varepsilon_{\alpha\beta\gamma\delta}$ は基底の掌性によって符号を変える擬テンソルである．定義にこれを含む，$J_{\alpha\beta}$, $G_{\alpha\beta}$ も擬テンソルである（電磁量の時間・空間反転に対する変換性はテンソルの階数と擬性によって決定される）．

構成方程式(4.50)のテンソル表現は，行列要素の入れ替え（$G_{01}\to F_{23}$ など）という，必ずしも自明ではない操作を含んでいる．真空の構成方程式の重要性はガウス単位系を使っていたのでは認識することが困難である．また，ε_0, μ_0 よりも，c_0, Z_0 を用いる方が自然である．

もう1点注目しておきたい点がある．4つのマクスウェル方程式を2つのテンソルの式(4.43), (4.48)にまとめる時点での c_0 には大きさの制約がないということである．構成方程式をテンソルのあいだの関係(4.50)にまとめるときに初めて，電磁気の定数からの制約 $c_0=(\mu_0\varepsilon_0)^{-1/2}$ が課せられる．さらに，このようにして得られた方程式群(4.47), (4.49)等にローレンツ共変性（ロー

[*4] 微分形式では，くさび（反対称）積（wedge product）を用いて，$\nabla\wedge G=J$, $\nabla\wedge F=0$ などと簡潔に書かれる．

[*5] 通常，この式は反変テンソルを用いて，$\partial_\alpha F_{\beta\gamma}+\partial_\beta F_{\gamma\alpha}+\partial_\gamma F_{\alpha\beta}$（ビアンキの恒等式）と書かれることが多い．

[*6] n 次元の場合，p 階の反対称テンソルに，共役関係にある $n-p$ 階の反対称テンソルを対応づける作用を表す．

レンツ変換で式の形が変わらない)を要求することで，特殊相対論の普遍定数としての光速との一致が結論できる．

スカラーポテンシャルとベクトルポテンシャルから，1階のテンソル

$$(A_\alpha) = c_0^{-1}(V_\alpha) = \begin{bmatrix} c_0^{-1}\phi \\ A_x \\ A_y \\ A_z \end{bmatrix} \overset{\text{SI}}{\sim} \text{V s/m} \qquad (4.52)$$

をつくると，$\bm{E} = -\operatorname{grad}\phi - \partial_t \bm{A}$, $\bm{B} = \operatorname{curl} \bm{A}$ は

$$F_{\alpha\beta} = c_0 \partial_{[\alpha} A_{\beta]} \qquad (4.53)$$

と統合される．この式を $F_{\alpha\beta}$ の定義だと思うと，$\partial_{[\alpha} F_{\beta\gamma]} = 0$ は自動的に満たされる．

これらのポテンシャルを，任意のスカラー場 $\Lambda(\bm{x}, t) \overset{\text{SI}}{\sim} \text{Wb} = \text{V s}$ を用いて

$$\phi' = \phi - \frac{\partial \Lambda}{\partial t}, \quad \bm{A}' = \bm{A} + \operatorname{grad} \Lambda \qquad (4.54)$$

と変換しても，$\bm{E}, \bm{B}$ は変化しない．これはゲージの自由度と呼ばれる．これに応じて荷電粒子の波動関数は

$$\psi'(\bm{x}, t) = \psi(\bm{x}, t) e^{i(q/\hbar)\Lambda(\bm{x}, t)} \qquad (4.55)$$

という変換を受ける．逆に見ると，電磁場は粒子の状態に関する局所的対称変換が相互作用の形式を定めるというゲージ場の最小モデルを与えている．

ラグランジアン密度は以下のように定義できる．

$$\mathcal{L} = L\varepsilon_{\alpha\beta\gamma\delta} = -c_0^{-1} G_{[\alpha\beta} F_{\gamma\delta]} - c_0^{-1} J_{[\alpha\beta\gamma} V_{\delta]} \overset{\text{SI}}{\sim} \text{J/m}^3 \qquad (4.56)$$

この式と真空の構成方程式を組み合わせれば，S場に関する方程式 $\partial_{[\alpha} G_{\beta\gamma]} = J_{\alpha\beta\gamma}/6$ を得ることができる．

力に関する式については 4次元速度，4次元運動量を $(u^\alpha) = [c_0 \gamma, u_x, u_y, u_z]$, $(p_\alpha) = [-E/c_0, p_x, p_y, p_z]$ と定義すれば，$dE/dt = q\bm{E} \cdot \bm{u}$, $d\bm{p}/dt = q(\bm{E} + \bm{u} \times \bm{B})$ が

$$\frac{\mathrm{d}p_\alpha}{\mathrm{d}\tau} = qF_{\alpha\beta}u^\beta \tag{4.57}$$

と統合される．ただし，$\tau := t/\gamma$，$\gamma := (1 - u^2/c_0^2)^{-1/2}$．

4.5 電磁気の定数の定義値化

4.5.1 単位の現示

基本単位については，その具体的な大きさの実現方法を明示する必要がある（単位の現示）．その方法は大きく2通りある．1つは，直接的にその単位（あるいはそれに既知の数を乗じたもの）に相当する大きさを示す器具，実験手法，自然現象を与えるという方法であり，もう1つは，その単位を含む物理定数の数値を定義値にするという方法である．前者の例としては，メートル原器やキログラム原器があるが，直接的で分かりやすい．原子時計も前者に分類することができる．

一方，後者の方法はやや複雑である．1983年以降，光速 c_0 の数値を定義値化することで，長さの単位であるメートルが現示されているが，簡単な例として復習しておこう．真空中の光の行程 L と所要時間 T とのあいだには

$$L = c_0 T \tag{4.58}$$

が成り立っている．ここで光速を $c_0 = 299\,792\,458$ m/s と定義値化（固定）し，さらに $T = 1$ s とおくと，

$$L = 299\,792\,458 \text{ m} \tag{4.59}$$

であり，光が1秒間に進む距離が 299 792 458 m と定義されたことになる．実際には

> メートルは，1秒の 299 792 458 分の1の時間に光が真空中を伝わる行程の長さである．(第17回 CGPM，1983年)

と定義されている．原子時計からの1sと定義値の組み合わせで，1mの大きさが定められているのである．

メートル法の制定当時は，地球の子午線の長さにもとづいてメートル原器

表 4.4 真空の定数の定義値化の変遷

真空の定数	記号	1946 年 →	1983 年 →	2018 年 →
誘電率	ε_0	—	[$1/(c_0^2\mu_0)$]	—
透磁率	μ_0	[$4\pi \times 10^{-7}$ H/m	⇒]	—
光速	c_0	—	[299 792 458 m/s]	⇒
インピーダンス	Z_0	—	[$c_0\mu_0$]	—

が製作され,その後,クリプトンランプからの光の波長というミクロな効果にもとづいてメートルが再定義された[*7].現在は,さらに正確さを求めて c_0 の定義値化が用いられている.このような歴史は,不確かさのより少ない計測への挑戦の成果であるが,別の見方をすると,単位の現示が,人工的な標準装置(マクロ)から,普遍的な物理定数(ミクロ)へと進化してきた過程と見ることもできる.2018 年の SI の改定はこういった物理現象にもとづく標準の実現を一気に達成する大改革と位置づけることができる.

表 4.4 のように電磁気に関しては 4 つの物理定数(ε_0, μ_0, c_0, Z_0)が存在する.このうち 2 つが独立であることはすでに見たとおりである.c_0 は 1983 年以来,(電磁気に固有とはいえない)長さの標準として利用されている.μ_0 は 1946 年以来,電磁気の単位であるアンペアの定義に利用されてきたが,2018 年には役割を終えることになる.c_0, μ_0 が定義値化されていた状況では,電磁気の他の定数 ε_0, Z_0 も不確かさのない数値で表されていた.

SI の 2018 年の改定では,アンペアの定義が変わり,μ_0 は定義値ではなくなるが,c_0 は定義値のままである.その結果,3 つの定数 ($\varepsilon_0, \mu_0, Z_0$) は不確かさのある数値で表される.

4.5.2 旧 SI におけるアンペアの定義——$4\pi \times 10^{-7}$ の起源

これまでの SI(国際単位系)における電流の単位,すなわちアンペアの大き

[*7] 驚いたことに,マクスウェルはメートル原器に代わって,ミクロ現象が標準に使われることを予想していた[11].
  In the present state of science the most universal standard of length which we could assume would be the wave length in vacuum of a particular kind of light, emitted by some widely diffused substance such as sodium, which has well defined lines in its spectrum. Such standard would be independent of any changes in the dimensions of the earth, and should be adopted by those who expect their writings to be more permanent than that body.

4.5 電磁気の定数の定義値化 — 87

さの定義が不自然であることは，誰しも感じてきたことである．そして，真空の透磁率 $\mu_0 = 4\pi \times 10^{-7}$ H/m における数値 $4\pi \times 10^{-7}$ が恣意的に見えることも事実である．SI に対する（的外れな）批判もこの点に集中している．ここではその由来を調べてみる[*8]．

SI は電磁気の部分に関しては 4 元単位系であるので，本来，電流の単位の大きさは適切な「電流標準器」を用いて独立に定義すればよい．しかし，歴史的経緯から，旧 SI のアンペアの定義においては，3 元単位系における電流の力学的定義を引き継ぐことになってしまっている[10]．

マクスウェルの時代には，標準電池や標準抵抗によって単位の大きさを決めるいわゆる実用単位と，力を介して電気，磁気の単位の大きさを決める絶対単位が併存していた．1881 年の第 1 回国際電気会議で両者を折衷する試みが行われた．それまでに，実用単位であるボルトとオームを絶対単位である CGS emu の単位と関連づけて，それぞれ端数をまるめて 10^8 emu, 10^9 emu と定義し直すことが行われていた．会議では，これを踏まえて新たに電流の単位「アンペア」を導入し，0.1 emu に相当する電流と定義した．オームの法則に余分な係数がつかないよう配慮されたのである．

1901 年ジョルジは，この「アンペア」（あるいはオーム，ボルト）を MKS 単位系の第 4 の基本単位として加えることによって，実用単位系と力学の絶対単位系の統合が可能となることに気がついた．この素晴らしいアイデアは徐々に受け入れられるようになった．

1946 年国際度量衡委員会において，電磁気部分についてジョルジの有理化 MKSA 単位系が採用されたが，電流の基本単位の大きさとして，絶対化実用単位である「アンペア」を採用することになった．MKSA は 4 元系であり，電流の単位の大きさの定義に関しては，力学的なものに依拠する必要はなく，適切な方法で独立に決定することが許されている．にもかかわらず，歴史的経緯から 3 元系である CGS emu の力による定義を継承することになったのである[*9]．この時点では，普遍性のある電磁気量に関する標準は見当たらないの

[*8] 今さらという気もするが，$4\pi \times 10^{-7}$ は，テキストなどにしばらく居残るだろう．

[*9] この定義によれば，電流の次元は $\sqrt{N}$ のそれに等しい．しかし，$1\,\mathrm{A} := \sqrt{4\pi \times 10^{-7}}\sqrt{N}$ とおいてしまうと，一貫性の規則を破ることになってしまう．そのために，あえて電流を独立な基本単位として扱っていたわけである．一貫性は何よりも優先される．

で，やむを得ない選択であったと思われる．

1 emu の電流は式(4.23)から，「真空中に 1 センチメートルの間隔で同じ大きさの電流が平行に流れているとき，両者のあいだに働く力が 1 センチメートルあたり 2 ダインであるときの電流」と定義される．

0.1 emu に相当すると定義されたアンペアの大きさを確認しておこう．d だけ離れた平行電流の長さ Δl の部分に働く力は，SI, CGS emu において，それぞれ

$$\Delta F = 2 \frac{\Delta l}{d} I_{\mathrm{emu}}^2 \quad (\text{CGS emu})$$
$$= \frac{\mu_0}{2\pi} \frac{\Delta l}{d} I_{\mathrm{SI}}^2 \quad (\text{SI}) \tag{4.60}$$

と表される．$I_{\mathrm{emu}} = 0.1$ emu, $d = \Delta l$ $(= 1$ cm$)$ を CGS emu の式に代入すると，

$$\Delta F = 2 \times (0.1 \text{ emu})^2 = 2 \times 10^{-2} \text{ dyn} = 2 \times 10^{-7} \text{ N} \tag{4.61}$$

となり，同じ力を SI の式で表すと

$$\Delta F = 2 \times 10^{-7} \text{ N} = \frac{\mu_0}{2\pi} (1 \text{ A})^2 \tag{4.62}$$

を得る．これより，

$$\mu_0 = 4\pi \times 10^{-7} \text{ N/A}^2 \tag{4.63}$$

これが，2018 年までの SI における μ_0 の定義値である．先に述べたように，この値は過去の単位との整合性を配慮して定められたものであり，起源の異なるいくつかの因子からなっている．

これを文章の形にすると，以下のようになる．

> アンペアは，真空中に 1 メートルの間隔で平行に配置された無限に小さい円形断面積を有する無限に長い 2 本の直線状導体のそれぞれを流れ，これらの導体の長さ 1 メートルにつき 2×10^{-7} ニュートンの力を及ぼし合う一定の電流である．(CIPM，1946 年)

4.5.3 新 SI におけるアンペアの定義——電流次元の独立

電磁気的な単位の大きさは，公式には力学的に定められ，絶対単位という優位性を示す名称で呼ばれていた．具体的には，電気力と磁気力は天秤を用いて定量測定されていた．今や見かけることがほとんどなくなった機械式の電流計（メーター）はその末裔ともいえる．

しかし，時代が下ると，質量や力の測定精度が他の物理量の測定精度に比べて見劣りするようになってきた．クロスキャパシタ法という，特殊な幾何学構造のコンデンサを用いた ε_0 の高精度の決定法が考案されるなど，力を介さずに抵抗（インピーダンス）が決定されるようになった．さらに，近年になると，交流ジョセフソン効果(1962 年)，量子ホール効果(1980 年)といった量子的な効果を利用した電圧と抵抗の再現性のよい現示が見出されたため，今や力による電流の大きさの定義は時代遅れのものになっている．

また，ワットバランス（キブルバランス）[6]という新たな装置が標準の世界で使われるようになってきた．これは天秤の一種で，力や質量を電気的な仕事率として測定する装置である．マクスウェルの時代の力優先から電気優先へと，完全に主客逆転してしまったことになる．

このような背景を踏まえて，電流の単位の大きさは力によらない方法で定義されることになった．2018 年の第 26 回国際度量衡総会（CGPM）において，素電荷の値を

$$e := 1.602\,176\,634 \times 10^{-19}\ \mathrm{C} \quad (\text{正確に}) \tag{4.64}$$

と定義値化することで，電流の大きさを決めることになっている[3]．時間あたりの素電荷の個数を数えることで電流の値を（原理的には）決めることができるようになる．

新しいアンペアの定義は以下のようである．N 個の素電荷 e をもつ粒子が時間 T をかけて流れる場合の電流は，$I = eN/T$．これに $I = 1\ \mathrm{A}$, $T = 1\ \mathrm{s}$ を代入すると，$N = (1/1.602\,176\,634) \times 10^{19}$ となる．文章で表すと，

> アンペア(A)は電流の単位であり，その大きさは，単位 A s（C に等しい）による表現で，素電荷の数値を正確に $1.602\,176\,634 \times 10^{-19}$ に固定することで示される．（第 26 回 CGPM，2018 年）

これによって，μ_0 の不思議な定義値は解消され，通常の物理量として測定で定められる量になる．電流が力を介さずに，その源によって定義されるという，本来の形が完成したといえる．

現時点での μ_0 の値は

$$\mu_0 = 12.566\,370\,6212(19) \times 10^{-7}\,\text{N}\,\text{A}^{-2} \quad (4.65)$$

である．$\mu_0 = 2\alpha R_\text{K}/c_0$ なので，不確かさは α のそれで決まる．

4.6 振動系・波動系のインピーダンス
―― Z_0 の意味をたずねて

真空のインピーダンス Z_0 が物理定数として認識されない最大の理由は，過去の単位系において $c_0^{\pm 1}$ や 1 に等しいということであるが，それ以外にも，インピーダンスという概念がやや茫漠としたものであるということも影響していると思われる．ここでは一般的なインピーダンスの物理的意義を確認しながら，Z_0 を見直してみよう．

もともと，インピーダンス[*10]は抵抗やコンデンサ，コイルなどの回路素子の電圧と電流の比として定義されたものであるが，さまざまな一般化がなされており，回路のみならず広範な系や状況においても利用される概念である．素子や媒質に電圧をかけた場合の電流の流れにくさ，あるいは損失に関する係数という素朴な先入観では対応できない．

一般化の簡単な例を見ておこう．電池などの電源の内部抵抗(内部インピーダンス)は，単純にテスターの抵抗測定機能で測ることはできない．まして，電池を分解して抵抗を探そうとしても無駄である．一般に電源の内部抵抗 r は，負荷を接続して電流 I を引き出した場合の端子電圧の低下を表すパラメータとして定義されている．すなわち，

$$r := \frac{E_0 - E_1}{I} \quad (4.66)$$

[*10] インピーダンスは，狭い意味では，直流における抵抗を交流の複素振幅の比に拡張したものであるが，ここでは，インピーダンスのさらなる一般化を議論したい．

表4.5 さまざまな振動・波動インピーダンス

系	要素1	共役変数/定数	要素2	共役変数/定数	インピーダンス
機械系	バネ	(x, f)　k^{-1}	おもり	(p, v)　m	$\sqrt{mk}$
電気系	コンデンサ	(q, v)　C	コイル	(Φ, i)　L	$\sqrt{L/C}$
電磁波	電場	(D, E)　ε_0	磁場	(B, H)　μ_0	$\sqrt{\mu_0/\varepsilon_0}$
音波	弾性	(δ, P)　K_s^{-1}	慣性	(π, u)　ρ	$\sqrt{\rho K_s}$

注：音波について，$\delta \,(= dV/V)$, P, K_s はそれぞれ体積ひずみ，圧力の変化分，体積弾性率，π, u, ρ はそれぞれ，運動量密度，粒子速度，密度である．その他についてはテキスト中で説明する．各系について，図4.5に相当するものを描くとよい．

ただし，E_1, E_0 はそれぞれ負荷接続時，無負荷時の電圧である．負荷抵抗 R がわかっている場合には，$I = E_1/R$ なので，

$$r = \left(\frac{E_0}{E_1} - 1\right) R \tag{4.67}$$

のように電圧比の測定から，内部抵抗が定められる．このように拡張されたインピーダンスはその概念と測定法に注意を払う必要がある．

真空のインピーダンスは波動系における特性インピーダンスであり，通常の2端子素子のインピーダンスとは少し異なった意味を担っている．関連するものとして振動系のインピーダンスがある．一般に，振動・波動系は2階の時間あるいは時間・空間に関する微分方程式で表されるが，詳しく見ると1階の微分方程式が2つ連立されたものである．表4.5に示す例のように，2つの部分系(要素1, 要素2)が結合しているという描像が有効である．各部分系は相補的な変数の対で記述され，合計4つの変数が振動・波動に寄与している．振動・波動インピーダンスは部分系から選ばれた変数の比を与える定数として定義される．異なる自由度の変数間の比には相互(mutual, trans-)という形容詞がつけられる．いまの場合は「相互インピーダンス」と理解するのが適切である．例を通して振動・波動系のインピーダンスの意味を探ってみよう．

4.6.1 機械系のインピーダンス

振動インピーダンスの意味が分かりやすい振動系として，バネとおもりからなる機械的振動子を考える．バネの動的状態を示す変数は (x, f), おもりの動的変数は (p, v) である．x, f はバネののびと復元力，p, v はおもりの運動量と

速度である[*11]. $xf \overset{\text{SI}}{\sim} \text{J}$, $pv \overset{\text{SI}}{\sim} \text{J}$ は変数の対が相補的(共役)であることを意味する.

動的変数のあいだには，関係

$$x = k^{-1}f, \quad p = mv \tag{4.68}$$

が成立する．バネ定数 $k \overset{\text{SI}}{\sim} \text{N/m}$ と質量 $m \overset{\text{SI}}{\sim} \text{kg}$ は，それぞれの動的変数を関係づける構造的変数である．

一方，運動方程式は，

$$\frac{\mathrm{d}x}{\mathrm{d}t} = v, \quad \frac{\mathrm{d}p}{\mathrm{d}t} = -f \tag{4.69}$$

であり，2つの系が微分方程式を通して結合されている．

通常は，拙速に3つの変数を消去し，$\mathrm{d}^2x/\mathrm{d}t^2 = -\omega_0^2 x$ を得て，解 $x(t) = A\cos(\omega_0 t + \phi)$ (A, ϕ は定数)を求めて答えとしている．残りの変数は必要に応じて求められるという姿勢である[*12]．しかし，一般化しているこのやり方には大きな欠点がある．系の構造定数は2つある(k と m)のに，この解には1つのパラメータ $\omega_0 = \sqrt{k/m} \overset{\text{SI}}{\sim} 1/\text{s}$ しか含まれないことである[*13]．図4.9のような同じ共振角周波数をもつ2つの振動系の違いが解に現れない．硬いバネに大きい質量を吊るした場合と，柔らかいバネに小さい質量を吊るした場合の違いが見えないのである．

具体的に違いを知るための，解き方は以下のとおりである．各系の変数を1つずつ消去して

$$\frac{\mathrm{d}f}{\mathrm{d}t} = kv, \quad \frac{\mathrm{d}v}{\mathrm{d}t} = -m^{-1}f \tag{4.70}$$

を得る．式(4.69)の左辺の変数を消去した．逆に右辺の変数を消去してもよい．それ以外の消去の仕方は式の対称性を損なう．

さらに，2系にまたがる2つの変数

[*11] おもりの位置 x_m は基準点の選び方に依存するので，振動の力学に関しては，おもりの速度 $v = \mathrm{d}x_m/\mathrm{d}t$ の方が重要である．
[*12] 消去した変数を無視することは，影絵(射影)を通して現象を見るということである．
[*13] 角周波数 ω_0 だけを求めて満足するのは，量子論で固有エネルギーを求めて，固有状態の波動関数に関心を示さないのと同じである．

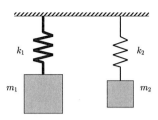

図 4.9 硬いバネに大きい質量を吊るした場合(系1)と柔らかいバネに小さい質量を吊るした場合(系2)の違いは何か. $k_1/m_1 = k_2/m_2$ なら,共振角周波数 $\omega_0 = \sqrt{k_i/m_i}$ $(i=1,2)$ は同じになるが,振動子としての性格は異なるはずである. (豆腐を潰す場合と,鉄板を延ばす場合にどちらが適しているか考えるとよい.) この違いを示すのが,機械インピーダンス $Z_{\mathrm{m},i} = \sqrt{k_i m_i}$ である.

$$g_\pm := f \pm \mathrm{i} Z_\mathrm{m} v \quad (= \pm \mathrm{i}\omega_0(p \mp \mathrm{i} Z_\mathrm{m} x)) \tag{4.71}$$

を導入する. $Z_\mathrm{m} := \sqrt{km} \overset{\mathrm{SI}}{\sim} \mathrm{N\,s/m}$ が機械インピーダンスと呼ばれる量である. この変数の導入によって,運動方程式間の結合が解けて,2つの独立したモード方程式になる;

$$\frac{\mathrm{d}g_\pm}{\mathrm{d}t} = \mp \mathrm{i}\omega_0 g_\pm \tag{4.72}$$

解は, $A_\pm \in \mathbb{C}$ を任意定数として $g_\pm = A_\pm \mathrm{e}^{\mp \mathrm{i}\omega_0 t}$ である. f, v が実数であることから $A_+ = A_-^* = A\mathrm{e}^{\mathrm{i}\phi}$ $(A, \phi \in \mathbb{R})$ なので,最終的な解は

$$f(t) = f_\mathrm{max} \cos(\omega_0 t + \phi), \quad v(t) = -v_\mathrm{max} \sin(\omega_0 t + \phi) \tag{4.73}$$

となる. ただし, $f_\mathrm{max} = A$, $v_\mathrm{max} = A/Z_\mathrm{m}$ である.

f と v は位相が $\pi/2$ ずれているので,各時刻で比をとっても, Z_m にはならないが,振幅の比は

$$Z_\mathrm{m} = \frac{f_\mathrm{max}}{v_\mathrm{max}} \left(= \frac{p_\mathrm{max}}{x_\mathrm{max}} \right) \tag{4.74}$$

のように Z_m が決めている[*14].

図 4.9 の例では,系1の機械インピーダンスは系2のそれより大きいとい

[*14] 回転する機械系では,トルク(単位は N m)と時間あたりの回転数(単位は s^{-1})の比がインピーダンスを与える.

うことになる．同じ共振角周波数 $\omega_0 = \sqrt{k/m}$ をもつ振動子でも，機械インピーダンス $Z_m = \sqrt{km}$ が異なると，位相平面 (p, x) におけるトラジェクトリ（経路）の形状（楕円度）が異なる．

　振動系のインピーダンスは，一義的には，振動モードを定義する際に2つの系の変数を繋ぐパラメータである．そして，これらの変数の振幅比として観察することができる．振動の位相が $\pi/2$ ずれていることから，Z_m を純虚数として扱いたくなるが，位相ずれの方向 $\pm i$ を定義する方法がないことから，意味がある対応とはいえない．変数の符号を $(-x, -f)$ のように変えても，式(4.68)は影響を受けないことから，Z_m の符号は常に正だと思って構わない．

　f と v の位相が $\pi/2$ ずれているので，これらが直接外部に対して仕事をすることはない．しかし，外部の系と適切な結合を設定すれば，共振器に蓄えられたエネルギーを消費しながら外部に仕事をさせることは可能である．その際に共振インピーダンスと，外部の系のインピーダンスが適当な関係にある必要がある．外部の系との関係は電気回路モデルを使ったほうが捉えやすいので次項で扱う．

4.6.2　LC 共振回路

　コンデンサに関する変数は (q, v)，コイルに関する変数は (Φ, i) であり，それぞれ関係 $q = Cv$, $\Phi = Li$ を満たす．C, L はそれぞれコンデンサのキャパシタンス，コイルのインダクタンスである．

　機械的振動子における (x, f), (p, v), (k^{-1}, m) は，LC 共振回路では (q, v), (Φ, i), (C, L) にそれぞれ相当している．

　コンデンサとコイルを図 4.10 のように接続して共振回路を形成すると，キルヒホッフの電流則，電圧則から

$$\frac{dq}{dt} = i, \quad \frac{d\Phi}{dt} = -v \tag{4.75}$$

のような微分方程式が得られる．機械的振動子と同じ方法で解を求めると

$$v(t) = A\cos(\omega_0 t + \phi), \quad i(t) = -(A/Z)\sin(\omega_0 t + \phi) \tag{4.76}$$

ただし，$\omega_0 = 1/\sqrt{LC}$, $Z = \sqrt{L/C}$ である．インピーダンスは

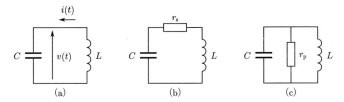

図 4.10 (a) LC 共振回路. インピーダンス $Z = \sqrt{L/C}$ に応じた電流, 電圧が蓄えられている. (b) 電流を利用する場合の負荷 r_s ($\lesssim Z$) のつなぎ方. (c) 電圧を利用する場合の負荷 r_p ($\gtrsim Z$) のつなぎ方.

$$Z = \frac{v_\mathrm{max}}{i_\mathrm{max}} = \frac{\Phi_\mathrm{max}}{q_\mathrm{max}} \tag{4.77}$$

のように振幅の比を与える.

共振器の電流を用いて外部に仕事をさせることを考えよう. 共振回路の全エネルギーは

$$U = \frac{1}{2}(qv + \Phi i) = \frac{1}{2\omega_0}\frac{A^2}{Z} \tag{4.78}$$

一方, 抵抗 r_s を直列接続した場合の (平均) 損失は, 電流を用いて

$$P_\mathrm{loss} = \frac{1}{T}\int_0^T (r_\mathrm{s} i^2)\mathrm{d}t = \frac{r_\mathrm{s}}{2}\frac{A^2}{Z^2} \tag{4.79}$$

と表される. U と P_loss/ω_0 の比は, Q 値 (Q-factor) と呼ばれ

$$Q_\mathrm{s} := \omega_0 \frac{U}{P_\mathrm{loss}} = \frac{Z}{r_\mathrm{s}} \tag{4.80}$$

となる.

共振器に蓄えたエネルギーを使って r_s でモデル化される外部に対し仕事をするためには, Q_s を適切に設定する必要がある. $Q_\mathrm{s} \ll 1$ であると, 1 周期以内にエネルギーがなくなってしまい, 共振器を使う意味がない. $Q_\mathrm{s} \gg 1$ であると, いつまでもエネルギーが残ってしまい, 仕事をする前に内部損失で失われる可能性がある. r_s を Z の数分の 1 から数十分の 1 に設定するのが望ましい.

電圧を利用して仕事をさせるには, 並列抵抗 r_p を接続する必要がある. その場合の Q 値は

$$Q_{\mathrm{p}} = \frac{r_{\mathrm{p}}}{Z} \tag{4.81}$$

となる．r_{p} は Z の数倍から数十倍に選ぶのがよい．

共振器を外部電源に接続してエネルギーを蓄積する場合にも，電源の内部抵抗と Z の関係について同様の配慮が必要となる．

4.6.3 LC ラダー回路と平面電磁波

図 4.11 は LC ラダー回路と呼ばれるもので，通信ケーブルのモデルとしてよく用いられる；

$$q_n = Cv_n, \quad \Phi_n = Li_n,$$
$$i_{n+1} - i_n = -\frac{dq_n}{dt}, \quad v_n - v_{n-1} = -\frac{d\Phi_n}{dt} \tag{4.82}$$

区間の分割を細かくして Δz をゼロに近づけると，$i_n \to i(n\Delta z)$, $(i_{n+1} - i_n)/\Delta z \to \partial i/\partial z$, $q_n/\Delta z \to \bar{q}(n\Delta z)$, $C/\Delta z \to \bar{C}$ などから，

$$\frac{\partial i}{\partial z} = -\frac{\partial \bar{q}}{\partial t}, \quad \frac{\partial v}{\partial z} = -\frac{\partial \bar{\Phi}}{\partial t}, \quad \bar{q} = \bar{C}v, \quad \bar{\Phi} = \bar{L}i \tag{4.83}$$

が得られる．ここで，$\bar{C} \stackrel{\text{SI}}{\sim} \mathrm{F/m}$, $\bar{L} \stackrel{\text{SI}}{\sim} \mathrm{H/m}$ はそれぞれ長さあたりのキャパシタンスと長さあたりのインダクタンスである．この式に損失項を加えたものは電信方程式(telegrapher's equation)と呼ばれ，W. トムソンらによって長距離有線通信路の設計や解析に使われていた．

正弦波定常解を求めておこう．電圧，電流は時間的に角周波数 ω で振動しているとし，例えば，

$$v(z, t) = \frac{1}{\sqrt{2}} \tilde{v}(z) e^{-i\omega t} + \text{c.c.} \tag{4.84}$$

などとおく．$\tilde{v}$ は複素振幅(実効値)，c.c. は前項の複素共役を表す．式(4.83)に代入すると，

$$\frac{d\tilde{i}}{dz} = i\omega \bar{C}\tilde{v}, \quad \frac{d\tilde{v}}{dz} = i\omega \bar{L}\tilde{i} \tag{4.85}$$

という，z に関する微分方程式が得られる．モード関数を導入すると，

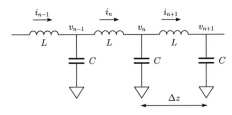

図 4.11 LC ラダー回路. 区間のきざみを細かくすると，平面電磁波に対するものと同じ方程式が得られる.

$$\frac{d}{dt}\tilde{g}_\pm = \pm i\frac{\omega}{v_0}\tilde{g}_\pm, \quad \tilde{g}_\pm = \tilde{v} \pm Z\tilde{i} \quad (4.86)$$

が得られる. $v_0 = 1/\sqrt{CL}$, $Z = \sqrt{L/C} = \sqrt{L/C}$ である. 積分定数を $\tilde{A}_\pm = A_\pm e^{-i\phi_\pm} \in \mathbb{C}$ とおくと, 解 $\tilde{g}_\pm = \tilde{A}_\pm e^{\pm ikz}$, $k := \omega/v_0$ が得られる. 実数に戻すと,

$$v(z,t) = v_+ + v_-, \quad i(z,t) = i_+ + i_- \quad (4.87)$$

ただし,

$$v_+ = Zi_+ = A_+\cos(\omega t - kz + \phi_+)$$
$$v_- = -Zi_- = A_-\cos(\omega t + kz + \phi_-) \quad (4.88)$$

である. 波動インピーダンス Z は前進波, 後進波それぞれにおける, v, i の比である;

$$Z = \frac{v_+}{i_+} = -\frac{v_-}{i_-} \quad (4.89)$$

振動インピーダンスの場合と異なって, 波動インピーダンスで関係づけられる量は同位相である. しかし, LC ラダーモデルで分かるように, 別の素子の電圧と電流の比であり, ただちに損失につながるものでない.

波動インピーダンスが Z の半無限長の線路に電圧源 $\tilde{e}$ をつなぐと, 電流 $\tilde{i} = \tilde{e}/Z$ が流れる.

波動インピーダンス Z_1 の線路から Z_2 の線路に波が入射した場合には波の反射が起こる. 電圧に関する振幅透過係数と振幅反射係数はそれぞれ

$$t := \frac{\tilde{v}_t}{\tilde{v}_i} = \frac{2Z_2}{Z_1 + Z_2}, \quad r := \frac{\tilde{v}_r}{\tilde{v}_i} = \frac{Z_2 - Z_1}{Z_1 + Z_2} \quad (4.90)$$

となる. 添字 i, r, t はそれぞれ入射波, 反射波, 透過波に対する量を表わす. 電流に関する係数は $Z_i \to Y_i = Z_i^{-1}$ $(i=1, 2)$ のような置き換えをすればよい.

4.6.4 平面電磁波のインピーダンス

媒質中を z 方向に伝搬する単色平面波電磁波を考える. すなわち, すべての場の量は x, y には依存せず, 時間的には角周波数 ω で振動すると仮定する. 場の量を $E(t,z) = 2^{-1/2} \tilde{E}(z) \exp(-i\omega t) + \text{c.c.}$ のようにおくと, マクスウェル方程式から, x 偏波について

$$\frac{d\tilde{E}_x}{dz} = i\omega \tilde{B}_y, \quad \frac{d\tilde{H}_y}{dz} = i\omega \tilde{D}_x$$
$$\tilde{B}_y = \mu(\omega) \tilde{H}_y, \quad \tilde{D}_x = \varepsilon(\omega) \tilde{E}_x \tag{4.91}$$

が得られる. ε, μ は媒質の誘電率, 透磁率であり, 周波数に依存する[*15]. 一般に複素数であるが, 透明な媒質では虚部は十分小さい. y 偏波に関するもう1組の方程式も得られる.

波動インピーダンスは

$$Z = \sqrt{\frac{\mu}{\varepsilon}} = \frac{\tilde{E}_{x,+}}{\tilde{H}_{y,+}} = -\frac{\tilde{E}_{x,-}}{\tilde{H}_{y,-}} \tag{4.92}$$

平面電磁波の $(\tilde{D}_x, \tilde{E}_x)$, $(\tilde{B}_y, \tilde{H}_y)$, (ε, μ) は, LC ラダー回路の $(\bar{q}, v)$, $(\bar{\Phi}, i)$, $(\bar{C}, \bar{L})$ にそれぞれ対応している.

このアナロジーはマクスウェルが彼の方程式から波動解を導く際に大いに役立ったはずである.

4.6.5 抵抗板による電磁波の反射と透過

伝搬モードの定義におけるパラメータとしての波動インピーダンスについて, もう少し物理に踏み込んだ解釈を試みよう.

抵抗体でできた薄い板は「面抵抗率」で特徴づけられる. 面抵抗率は「体積

[*15] 線形媒質の応答は $P(t,z) = \varepsilon_0 \int_{-\infty}^{t} \chi_e(t-\tau) E(\tau,z) d\tau$ と表せ, 単色波に対しては, $\tilde{P}(z) = \varepsilon_0 \tilde{\chi}_e(\omega) \tilde{E}(z)$ と書ける. ここで, $\tilde{\chi}_e(\omega) := \int_{-\infty}^{\infty} \chi_e(t) e^{i\omega t} dt$ は複素誘電感受率と呼ばれる. これを用いて, 媒質の誘電率は $\varepsilon(\omega) := \varepsilon_0 (1 + \tilde{\chi}_e(\omega))$ と定義され, $\tilde{P}, \tilde{E}$ が $\tilde{D}(z) = \varepsilon(\omega) \tilde{E}(z)$ のように関係づけられる.

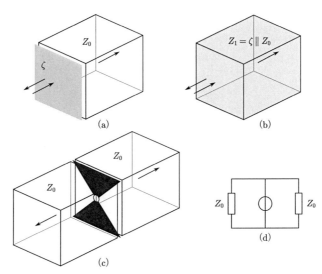

図 4.12 (a)の面抵抗率 ζ の板と真空の半空間は(b)のインピーダンス $Z_1 = \zeta \parallel Z_0$ の半空間と等価である．(c)自己補対構造の平面アンテナのインピーダンスは $Z_0/2$ に等しい．これは等価回路では(d)のように考えられる．伝搬方向に直交する面は無限に広がっているとする．

抵抗率」の2次元版で，抵抗と同じ次元をもつ．体積抵抗率 $\rho \overset{\mathrm{SI}}{\sim} \Omega\,\mathrm{m}$ の材料でできた長さ l，断面積 S の抵抗は $R = \rho l/S$ である．一方，面抵抗率 $\zeta \overset{\mathrm{SI}}{\sim} \Omega$ の板でできた，長さ l，幅 w の抵抗は $R = \zeta l/w$ である．なお，体積抵抗率 ρ の材料でできた厚さ d の薄い板の面抵抗率は ρ/d である．

図 4.12 (a)のように，真空中で $z=0$ に置かれた，面抵抗率 ζ の薄い板に垂直入射した平面電磁波の振幅反射率，透過率を求めてみよう．境界条件は，

$$\tilde{E}_\mathrm{i} + \tilde{E}_\mathrm{r} = \tilde{E}_\mathrm{t}, \quad \tilde{H}_\mathrm{i} + \tilde{H}_\mathrm{r} = \tilde{H}_\mathrm{t} + \zeta^{-1}\tilde{E}_\mathrm{t} \tag{4.93}$$

である．ただし，$\tilde{E}_\mathrm{i}/\tilde{H}_\mathrm{i} = -\tilde{E}_\mathrm{r}/\tilde{H}_\mathrm{r} = \tilde{E}_\mathrm{t}/\tilde{H}_\mathrm{t} = Z_0$. 簡単のために，偏波に関する添字 x, y は省略した．境界面での電場 $\tilde{E}_\mathrm{t}$ によって，抵抗板に(y 方向の)長さあたり $\tilde{E}_\mathrm{t}/\zeta$ の電流が x 方向に流れ，その結果磁場の不連続を生じるのである．

振幅反射率，振幅透過率をそれぞれ $r := \tilde{E}_\mathrm{r}/\tilde{E}_\mathrm{i}$, $t := \tilde{E}_\mathrm{t}/\tilde{E}_\mathrm{i}$ とすれば，

$$r = \frac{-Z_0}{Z_0 + 2\zeta}, \quad t = \frac{2\zeta}{Z_0 + 2\zeta} \tag{4.94}$$

が得られる．

パワー反射率 $R:=r^2$，パワー透過率 $T:=t^2$ とおくと，抵抗板での吸収率は $A:=1-R-T$ で定義できる．吸収率と透過率の比が $A/T=Z_0/\zeta$ であることから，抵抗板背後の真空の半空間は面抵抗率 Z_0 の抵抗板と等価であることが分かる．真空は損失の要素はもたないが，平面波を無限遠に伝えることで，定常的にパワーをもち去る機能があるので，損失と見なすことができる．

さらに，抵抗板と半空間のインピーダンスの並列接続，すなわち

$$Z_1 := \zeta \parallel Z_0 = \frac{\zeta Z_0}{Z_0 + \zeta} \tag{4.95}$$

を考えると[*16]，振幅反射率，振幅透過率の式(4.94)は

$$r = \frac{Z_1 - Z_0}{Z_0 + Z_1}, \quad t = \frac{2Z_1}{Z_0 + Z_1} \tag{4.96}$$

と書き直せる．よく知られているように，この式は真空と波動インピーダンス Z_1 の媒質の境界での反射透過則である．すなわち，図4.12(a), (b)は垂直入射の電磁波に対して同じように振る舞う．ただし，(b)のパワー透過率は $T'=(Z_0/Z_1)t^2=T+A$ であり，(a)の抵抗板における損失分も媒質 Z_1 では透過波のパワーとして算入されている．

真空という取り外しのできない媒質のインピーダンスを浮かび上がらせるために，面抵抗率 ζ の板をおいた「面抵抗+真空」系での伝搬を考えた．それがインピーダンス $Z_1=\zeta \parallel Z_0$ の媒質と同じ振る舞いをすることから，Z_0 の物理的機能すなわち，平面電磁波にとって，真空の半空間は面抵抗率 Z_0 の抵抗板と等価であることを明らかにすることができた．

アンテナの放射インピーダンス

図4.12(c)に示す平面アンテナは，金属部分とそれ以外の部分を入れ替えたときに同じ構造(この場合は $\pi/2$ 回転したもの)になるという特殊なもので

[*16] $a \parallel b := ab/(a+b)$.

ある.これは自己補対(self-complementary)アンテナと呼ばれるものである[18].自己補対平面アンテナのインピーダンスは周波数によらず $Z_0/2$ になることが電磁方程式の対称性から求められる.図 4.12 (d) の等価回路が表わすように,真空との完全な結合が実現されていて,両半空間の真空のインピーダンスの並列 $Z_0 \| Z_0 = Z_0/2$ が見えているのである.

真空中の一般のアンテナの放射インピーダンスも Z_0 を因子として含む.例えば,実効的長さ L が波長 λ に比べて小さいダイポールアンテナのインピーダンス(の実部)は $R_\mathrm{rad}(L) \sim (2\pi/3)(L/\lambda)^2 Z_0$ である[17].実用的によく用いられる半波長ダイポールアンテナについては,$R_\mathrm{rad}(\lambda/2) \sim 73\,\Omega$ であるが,これに接続するための同軸ケーブルのインピーダンスは $75\,\Omega$ になるよう製作されている.

原子も光を放出するのでアンテナと考えることができるが,その放射インピーダンスを求めてみよう.準位 2 から準位 1 への自然放出のレート Γ は

$$\Gamma = \frac{\omega^3 e^2 r_{12}^2}{3\pi\varepsilon_0 \hbar c_0^3} \tag{4.97}$$

であることが知られている[19].$r_{12} = |\langle 1|\boldsymbol{r}|2\rangle|$ は電子の位置演算子の行列要素の大きさである.この式は,共振インピーダンスの考え方を参考にすると

$$Q^{-1} = \frac{\Gamma}{\omega} = \frac{8\pi^2}{3}\frac{r_{12}^2}{\lambda^2}\frac{Z_0}{R_\mathrm{K}} = \frac{R_\mathrm{rad}(r_{12})}{R_\mathrm{K}/4\pi} \tag{4.98}$$

と簡単な形に書き直すことができる.ここで,$R_\mathrm{K} = h/e^2$ はフォン・クリッツィング定数である.$R_\mathrm{K}/4\pi$ は原子を共振器としてみた場合の共振インピーダンスに相当している.

ファブリ・ペロ共振器の Q 値

2 つの完全反射平面鏡を間隔 d で対向させたファブリ・ペロ共振器が体積抵抗率 ρ の損失媒質で満たされている場合を考えよう.ビームの断面積を A とする.共振モードのエネルギーは

$$U_\mathrm{cavity} = A\int_{-d/2}^{d/2} \frac{\varepsilon_0|\tilde{E}|^2\cos^2 kz + \mu_0|\tilde{H}|^2\sin^2 kz}{2}\mathrm{d}z = \frac{A}{2}\varepsilon_0|\tilde{E}|^2 d \tag{4.99}$$

である.共振条件は $k = (n+1)\pi/d$ $(n=0,1,\ldots)$ である.パワー損失は

$$P_{\text{loss}} = A \int_{-d/2}^{d/2} \frac{|\tilde{E}|^2 \cos^2 kz}{\rho} dz = \frac{A}{2} \frac{|\tilde{E}|^2}{\rho} d \qquad (4.100)$$

となる．共振角周波数は $\omega = c_0 k$ であるので，

$$Q = \omega \frac{U_{\text{cavity}}}{P_{\text{loss}}} = (n+1)\pi \frac{\rho/d}{Z_0} \qquad (4.101)$$

が得られる．LC 共振器の場合(4.81)とよく対応している．

コラム マクスウェルは 4 種類の場を考えていた

図 4.13(a)はマクスウェルの教科書[11]の図 6 であり，正負の点電荷による電場を作図で定量的に求める方法を示すものである．左に力線(lines of force)，右に等電位面(equipotential surfaces)を描いている．それぞれの点電荷に対する線群(点線)を求め，それらを合成することで求めている．この教科書には，このような手法を用いて丁寧に描かれた場の図版が収録されている．計算が大仕事だった時代，典型的な例を数多く眺めておき，場に対する直感を養おうという方針である．

左に描かれている力線は上の正電荷 q から出て，下の負電荷 $-q$ に入っているが，これらは正電荷から放射状に出る直線群と負電荷に入る直線群を合成することで求められている．この図は，2 つの電荷を含む平面に関する 2 次元断面であるが，3 次元的には点電荷の近傍では全方向に広がっている．それを考慮して，正電荷からの 9 本の直線の角度がどのように定められているかを見ておこう．各直線を 2 つの電荷を結ぶ中心線(z 軸)について回転させると，それぞれ円錐をつくる．一方，左半平面を中心線の周りに一定の角度ごとに順次回転させてできる平面群をつくる(全周を等分割するとする)．その結果，隣接する円錐面と隣接する平面で囲まれた細い錐ができ上がるが，それらの立体角 s が一定になるように直線の角度を定める．そのためには，i 番めの直線が z 軸となす角 θ_i を，$\cos\theta_i - \cos\theta_{i+1}$ が一定になるようにとればよい．各錐の立体角が一定なので，それぞれに同じ電荷 $u_q = q(s/4\pi)$ が割り当てられていると見なすことができる．電荷と関連づける場合は，線よりもこのような錐，あるいはより一般に太さをもつ管状のもの(電束管)を電荷 u_q を担う電気力線と見なす方が適切である．空間の刻み方を小さくすれば，この管は細くなって線

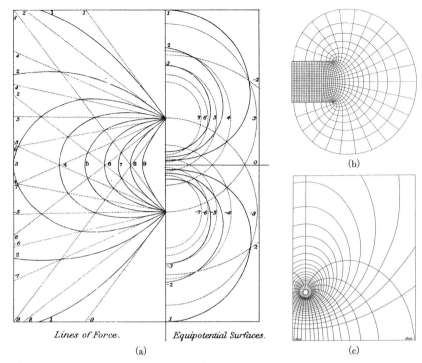

図 4.13 マクスウェルの教科書より. (a)正負の電荷がつくる力線と等電位面, (b)コンデンサの電場, (c)円電流のつくる磁場(下半分が省略されている).

に近くなるが,その太さ,あるいは隣との間隔は重要な量である.

正負の電荷についての合成は2つの管をそれぞれの断面積(電荷からの距離の2乗に比例)の逆数で重みづけてベクトル的に足すことで行える.

一方,右に描かれている等電位線は,試験電荷を動かしても仕事がゼロとなる点を繋いだものである. 電気力はその法線方向に働き,その大きさは等電位線の混み具合に比例する. 3次元的に見ると,中心線に関する回転によって得られる等電位面になっている. 点電荷 q に対する電位は $v = q/(4\pi\varepsilon_0 r)$ で与えられるので,電位 $v_i = iu_v$ (u_v は基準量. $j = 1, 2, \ldots$)に対しては,点線で描かれている半径 $r_j = q/(4\pi\varepsilon_0 v_j)$ の円(球)が等電位線(面)となる. 2つの電荷についての合成は,交点での電位が加算されることに注目すれば,簡単に行える.

u_v ごとの等電位面が重なっているわけだが，ここでも 2 つの等電位面で挟まれた厚みをもった層状の部分に注目すると，これが電位差 u_v を支えているということが分かる．

マクスウェルは，今日一般的に行われているような，力線の表示だけでは不十分であると考えて，等電位線(面)を必ず併記していたのである．電気力線だけでは，電場ベクトルの方向は分かるが，大きさはすぐには分からない．付近の力線の混み具合が大きさに比例するといっても，定量的把握は難しい[*17]．

電場の幾何学的表現として，力場 E は等電位面(層)に，源場 D は電束管に対応づけるのが相応しいことが明らかになった．$E = -\mathrm{grad}\, V$, $\mathrm{div}\, D = \varrho$ という式とも整合する．

それでもなお，電気「力線」を源場である D に対応づけることには抵抗があるかもしれない．しかし，力線のことを，マクスウェルはしばしば誘導線 (lines of induction) と呼んでいる．これは大きさ u_q の電気力線の両端には必ず電荷 $\pm u_q$ が存在し，とくに導体の場合，これらの電荷は静電誘導されているからである．さらに，導体を挿入することで途中で電気力線を切ると，(磁石を切ったときと同じように，)切り口に $\mp u_q$ の電荷が現れるということである．電場中に置かれた物体に誘導される電荷と定量的に関連づけられるということであり，D (S 場)のことを意識していたと思われる[*18]．

図 4.13(b)には，平行平板コンデンサの電場が 2 種類の曲線群として描かれている．(2 次元問題の調和関数の実部，虚部の等高線に相当する．) ここに現れる網目を断面にもつ小さい細胞状の領域はそれぞれ静電エネルギー $u_v u_q / 2$ を蓄えていると考えられる．ある体積内のエネルギーはそこに含まれる細胞の数を数えることで，定量的に求めることができる．空間と電場の一体性が実感できる図である．

磁場についても，2 種類の場に関する幾何学的表現が同様に考えられるの

[*17] 磁場を鉄粉を用いて可視化する程度の情報しかないのである．平面(あるいは空間)に矢印を点在させてベクトル場を表現する一般的な描画法も，場の連続性や保存則を見るのには適していない．

[*18] 真空で電束密度を使わない立場から，電気力線の本数は，$1\,\mathrm{C}/\varepsilon_0$ あたり 1 本と決めている場合がある．しかし，これは次元的にも不自然なことであり，$1\,\mathrm{C}$ (あるいは適当な基準電荷 u_q) あたり 1 本と考えるべきである．電気力線は電束線あるいは電束管と捉えるのが自然である．$E \cdot S \overset{\mathrm{SI}}{\approx} \mathrm{V\,m}$ を電束と定義するのは，D を軽視した無理な定義である．

で，マクスウェルは4つの場を念頭においていたことが分かる．(逆方向に流れる直線電流がつくる磁場について，同じような作図を行うと2つの磁場 H, B に関する理解が飛躍的に深まるだろう．図 4.13(c) に円電流に対する磁場の図がある．)

このような場の意味付けは，カルタンの微分形式(反対称共変テンソル，differntial form)によって数学的に裏打ちされている [20, 21, 22, 23]．E, H は1形式(1階共変テンソル，コベクトル[*19])，D, B は2形式(2階反対称共変テンソル)として分類される．

通常のベクトル記法は，このような電場，磁場の幾何学的特徴を捨象してしまっている．ベクトル記法はマクスウェルよりずっと後に，ヘビサイドやギブスによって導入されたのであるが，2つの場の違いを隠してしまうという点で，ガウス単位系と同じような悪い影響を後世に残している．特にギブスによる「ベクトル積」は意味のとりにくい演算である．電磁場をベクトルとスカラーだけで記述する方法は計算上はともかくとして，幾何学的な理解には不十分である．

コラム　LC共振回路による c_0 と Z_0 の測定

手軽にできる現代版ウェーバー・コールラウシュの実験(光速の測定)を紹介しよう(図 4.14)[24]．幾何学的大きさの決まった空気コンデンサと空芯コイルを作成することから始める．面積 S の平行平板コンデンサは電極間隔 d ($\ll \sqrt{S}$) が十分小さければそのキャパシタンスは

$$C = \varepsilon_0 \Lambda_{\mathrm{C}}, \quad \Lambda_{\mathrm{C}} := \frac{S}{d} \overset{\mathrm{SI}}{\sim} \mathrm{m} \tag{4.102}$$

で与えられる．巻数 N，長さ l のソレノイドコイルは断面積 A ($\ll l^2$) が十分小さければ，そのインダクタンスは

$$L = \mu_0 \Lambda_{\mathrm{L}}, \quad \Lambda_{\mathrm{L}} := \frac{N^2 A}{l} \overset{\mathrm{SI}}{\sim} \mathrm{m} \tag{4.103}$$

で与えられる．このLとCで直列共振回路を構成すると，その共振角周波数

[*19] 双対ベクトルのことである．波数ベクトル k，逆格子ベクトル G，ブラベクトル $\langle\phi|$ などが双対ベクトルの例である．これらは元のベクトル空間では，平行平面群でよく表される．

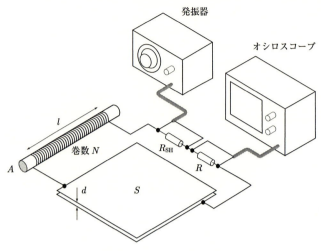

図 4.14 c_0, Z_0 の測定装置.

は

$$\omega_0 = \frac{1}{\sqrt{LC}} = \frac{c_0}{\Lambda}, \quad \Lambda := \sqrt{\Lambda_\mathrm{L} \Lambda_\mathrm{C}} \qquad (4.104)$$

と表すことができる. ω_0 と Λ から, c_0 を定めることができる. 前者は発振器（時計）, 後者は物差しで測定することができる. 机上の手軽な装置を用いて, 1% 程度の正確さで c_0 の値を求めることができる. 光を使わず, 光速が測れるという, マクスウェルの感動を追体験できるので, 学生実験のテーマとして最適である.

同じ測定系で Z_0 も定めることができる. LC 共振器のインピーダンスは

$$Z = \sqrt{\frac{L}{C}} = \kappa Z_0, \quad \kappa = \sqrt{\frac{\Lambda_\mathrm{L}}{\Lambda_\mathrm{C}}} \qquad (4.105)$$

である. 共振器の損失抵抗 $r = R_\mathrm{L} + (R_0 \parallel R_\mathrm{SH})$ の影響で共振曲線は幅をもつ. ただし, R_L, R_0, R_SH はそれぞれ, コイルの抵抗, 発振器の内部抵抗, 出力に並列に接続された抵抗を表す. さらに直列抵抗 R を接続した場合の幅を $\Delta \omega$ とすると, 正規化された幅は,

$$\Delta := \frac{\Delta \omega}{\omega_0} = \frac{r + R}{Z} \qquad (4.106)$$

R の値を変えて幅を測定すると,依存性 $d\Delta/dR = Z^{-1}$ が実験で求められる.これを用いて,真空のインピーダンス

$$Z_0 = \kappa^{-1} Z = \left(\kappa \frac{d\Delta}{dR}\right)^{-1} \quad (4.107)$$

が実験により求められる.この例においても,Z_0 の物理的意義が確認できる.

コラム D, H の測り方

E, B は試験電荷や電流に働く力を通して知ることができるが,D や H は測定方法がないので,物理的意味がないという意見があるが,それは誤りである.

空洞法 1850 年ごろ,W. トムソンはすでに,物質中の 4 種類の場の測定法,あるいは操作的定義を与えている [25].たとえば,磁性体中の磁場測定ではプローブを設置するために小さな空洞を開ける.空洞の形状が球の場合,その内部の磁束密度は $B° = B - (2/3)\mu_0 M$ となる.空洞を開ける前の値 B から変化するのは,空洞内壁に磁化 M による見かけの電流(磁化電流)が生じるからである.異質と思われている 2 種類の場 B, M が合成されている.因子 2/3 は,空洞形状が扁長になれば 1 に,扁平になれば 0 に近づく.空洞形状が扁長の場合,例えば,細長い円筒の場合,内部磁束密度は $B° := B - \mu_0(M \cdot u)u$ となる.u は空洞長軸方向の単位ベクトルである.軸に沿った磁場成分を測定するプローブを内部に配置すると,測定値は

$$B_u° = u \cdot B° = B_u - \mu_0 M_u = \mu_0 H_u \quad (4.108)$$

となり,H の u 方向の成分 $H_u = H \cdot u$ が得られる.

誘電体内の D の測定は,扁平な空洞内の電場が $E° = E + \varepsilon_0 P$ となることを用いて行うことができる.

打ち消し法 空洞法は,μ_0, ε_0 を仮定しているので,真空中での D や H の測定法としては,意味のあるものとはいえない.まず,真空中で D を測る方法を示そう [26].面積 S の小さい金属板を対象点に置いた場合の表面 $S = Su$ に誘起される電荷 Q から,D の法線成分 $D_u = D \cdot u = Q/S$ を知ることができる.対象点の電場を打ち消すのに必要な電荷の面密度として,D が定

義されるのである．Q を取り出して測る工夫はいろいろ可能である．例えば，金属板を 2 枚重ねておいて，その一方を取り出し，その電荷を測ればよい．

　H については，長さ l，巻数 n の細いソレノイドコイルと，その中に収まる磁気センサーを用意する．磁気センサーは軸方向 u の成分が測定できるものとする．磁場がゼロになるように，コイルの電流 I を調節する．その電流 I から $H_u = H \cdot u = nI/l$ と求めることができる．I は $-u$ に対して右ねじの方向を正にとる．なお，打ち消し法は媒質中の場の測定にも適用できる．

5

電磁気の単位系の進化と単位系間の変換

5.1 単位系の多様性

5.1.1 なぜ多様なのか

物理量やそれらの関係を与える方程式は物理法則そのものではなく，それを式の形で「表現」したものにすぎない．したがって，その表現形は単位系の選び方(次元の選び方)に依存する[*1]．物理学における方程式は普遍なものではなく，単位系，すなわち規約に依存するものであることを忘れてはいけない[*2]．これは異なった単位系で書かれた電磁気学のテキストを比較すれば明らかである．テキストの冒頭部分には必ず，どの単位系を採用しているかが，宣言されている(第 6 章 6.2.5 参照)．

電磁気学の発展過程において実にさまざまな単位系が提案され利用され，まさに混乱状態が続いてきた[10, 27]．電磁気学は多くの量が関係する理論体系であり，各量の単位を個別に設定するだけでは不十分であり，単位系の整備が真に必要とされてきた場面であったともいえる．合理性を求める多くの先人の努力により，現在では，SI (国際単位系)が使用されるようになってきた．しかし，一部の研究領域や文献において，今なお，ガウス単位系が利用されている．また，過去の文献を利用しなければならない場合もあるので，単位系間の変換は避けられない．単位系間の変換，換算にはつぎのような多くの要素が絡んでおり，注意深い扱いが必要である．

[*1] ベクトル $\boldsymbol{x} = x_1 \boldsymbol{e}_1 + x_2 \boldsymbol{e}_2 = x'_1 \boldsymbol{e}'_1 + x'_2 \boldsymbol{e}'_2$ の成分による表現 (x_1, x_2), (x'_1, x'_2) が基底の選び方に依存するのと類似している．

[*2] ただし，第 7 章で示すように，等価な単位系間では，方程式の形は保存される．

(1) ベースとなる力学的単位のちがい

MKS をとるか CGS をとるか,すなわち,(長さ,質量) の単位として,(m, kg) をとるか,(cm, g) をとるかなどの違いであり,それぞれ,因子 10^2,10^3 のちがいを生ずる.これによって,例えば力は異なった単位 N, dyn で測られ,それらの関係は $10^5 \, \text{dyn} = 1 \, \text{N}$ である.両者が一貫した単位系であるかぎり原理は簡単である(とはいえ,単位の大きさが変わると,現実には大きい影響がある).この変換は可逆である.また,このようなスケール変換によって方程式の形が変わることはない.

(2) 有理単位系と非有理単位系のちがい

非有理単位系は,マクスウェル方程式の基本解であるクーロンの法則やビオ・サバールの法則に因子 4π (単位球面の表面積)が現れないようにマクスウェル方程式を調整するという本末転倒ぎみの流儀である.ガウス単位系は非有理なので,有理である SI との換算において付加的な因子 $(4\pi)^{\pm 1/2}$ が現れる.すべての電磁単位系について,有理・非有理単位系は対をなしている.

(3) 4 元単位系と 3 元単位系のちがい

電磁気部分に限定すると,SI では力学における 3 つの基本単位に,電磁気固有の基本単位であるアンペアを加えた 4 つの基本単位 (m, kg, s, A) を利用する.それに対して CGS 静電単位系(esu),CGS 電磁単位系(emu)では,電荷や電流を力に還元することで,力学的な 3 つの基本単位 (cm, g, s) のみを利用する.それぞれ,4 元単位系,3 元単位系と呼ばれる.3 元単位系は電磁気のための第 4 の単位(独立次元)をもたないため,体系性が見づらくなる.影絵,あるいはモノクロームで電磁現象を眺めているようなものである.

(4) ガウス単位系の複合性

ガウス単位系は,CGS 静電単位系と CGS 電磁単位系という 2 つの単位系の折衷としてつくられたという経緯がある.したがって,背後にある 2 つの単位系を理解することが必要である.さらに困ったことに,切り貼りの仕方が恣意的で,今の視点で見ると合理的でないという欠点をかかえている[*3].

(5) 単位の命名法のちがい

[*3] 文献[28]の付録と[16]を参照.

CGS 単位系 (Gauss, esu, emu) では，異なる次元をもつ量に対して，同じ名称を用いる場合が多い．すなわち，CGS 静電（電磁）単位系起源の単位をすべて esu(emu) で表す．たとえば，電荷に対しても，電流密度に対しても同じ単位呼称 esu が使われる．また，固有の名称，例えば，電荷に対しては statcoulomb, 磁場に対して gauss, Oe など，も多く割り当てられており，単位の組み立て状況が見えにくい．SI では単位と次元がよく対応しており，単位を含めた量としての計算を行えば次元のチェックが自動的にできるのだが，ガウス単位系を含む，CGS 単位系ではこのメリットを享受できない．

5.1.2 合理性を求めて——非有理単位系から有理単位系へ

クーロンの法則における球面因子 $1/(4\pi)$ は，点状源に対するマクスウェル方程式の解に自然に現れるものである．しかし，経験則としてのクーロンの法則には，$1/(4\pi)$ は含まれていなかった．そのために，当初はマクスウェル方程式の方に因子 4π をわざわざ含ませて，経験法則を解として導けるように工夫がされていた．有理単位系である SI では，源が点，直線，平面であることに対応して，解に因子 $1/4\pi$, $1/2\pi$, $1/2$ がそれぞれ現れるのに対して，CGS 単位系のような非有理単位系では，点源の場合を重視して，源項に先回りして係数 $1/4\pi$ をつけているので，解の係数はそれぞれ $1, 2, 2\pi$ となる．

方程式ではなく，その解の方に球面因子を含める方が理にかなっていることは，ヘビサイドによって指摘され，ローレンツやジョルジによって支持された．この考えにそって構成された単位系は有理化された(rationalized)単位系と呼ばれる[*4]．非有理系は丸太の直径をその周の長さ l で表すようなものである．断面積が $l^2/(4\pi)$ となるなど，覚えにくい式が出てくる．そのため，有理系の優位性は徐々にではあるが認められるようになってきた．

SI は有理単位系であるが，CGS esu, CGS emu, ガウス単位系はいずれも非有理単位系である．

有理系における電荷を q_r とすると，対応する非有理系における電荷は $q_i =$

[*4] 有理は合理と訳されるべきであった．語源的に "ratio" は「分別」，「理性」といった意味であるが，数学では「比」（割り切れる）の意味で使われる．有理数(rational number)は後者の意味，単位系の有理は前者の意味である．非有理単位系は，4π が無理数であることを指しているのではない．

$q_r/\sqrt{4\pi}$ である.点電荷に対する電束密度と電気力の式を,有理系と非有理系で比較すると,

(有理) $$\bm{D}_r = \frac{q_r}{4\pi r^2}\bm{e}_r, \quad \bm{F} = q_r\bm{E}_r \tag{5.1}$$

(非有理) $$\bm{D}_i = \frac{q_i}{r^2}\bm{e}_r, \quad \bm{F} = q_i\bm{E}_i \tag{5.2}$$

となるので

$$\bm{D}_i = \sqrt{4\pi}\bm{D}_r, \quad \bm{E}_i = \sqrt{4\pi}\bm{E}_r \tag{5.3}$$

という関係が導ける.

一般的な量に対する変換の手続きは以下のとおりである.電磁量を2つのグループに分ける;

$$\Sigma = \{q, \bm{I}, \varrho, \bm{J}, \bm{P}, \bm{M}\}, \quad \Phi = \{\phi, \bm{A}, \bm{E}, \bm{B}, \bm{D}, \bm{H}\} \tag{5.4}$$

それぞれのグループに対して有理,非有理単位系における量のあいだには

$$\Sigma_i = \Sigma_r/\sqrt{4\pi}, \quad \Phi_i = \sqrt{4\pi}\Phi_r \tag{5.5}$$

という関係が成り立つ.

基本的に前者は源に関するもの,後者は場に関するものであるが,$\bm{D}, \bm{H}$ のみが例外的に,後者のグループに移動している[*5].

非有理化の影響をうける基本方程式は,マクスウェル方程式の2つの式

$$\mathrm{div}\,\bm{D}_i = 4\pi\varrho_i, \quad \mathrm{curl}\,\bm{H}_i = \frac{\partial \bm{D}_i}{\partial t} + 4\pi\bm{J}_i \tag{5.6}$$

と構成方程式

$$\bm{D}_i = \varepsilon_0\bm{E}_i + 4\pi\bm{P}_i, \quad \bm{H}_i = \mu_0^{-1}\bm{B}_i - 4\pi\bm{M}_i \tag{5.7}$$

のみである.有理化,非有理化によって各量の数値は変化するが,次元や単位は影響を受けない.

[*5] このグループ分けは,単位のみでは決まらない.$\bm{D}$ と $\bm{P}$,$\bm{H}$ と $\bm{M}$ はそれぞれ同じ単位(次元)をもっているが別のグループに分類されている.つまり有理・非有理の変換は単位だけを見て行うことはできない.一方,後に示すように,有理単位系同士,あるいは非有理単位系同士それぞれの変換は単位だけをたよりに行うことができる.

具体例として，有理系と非有理系のコンデンサのキャパシタンスを比較してみよう．式(5.5)より，電荷，電圧はそれぞれ $q_\mathrm{i}=q_\mathrm{r}/\sqrt{4\pi}$, $\phi_\mathrm{i}=\sqrt{4\pi}\phi_\mathrm{r}$ と変換するので，

$$C_\mathrm{i} = \frac{q_\mathrm{i}}{\phi_\mathrm{i}} = \frac{1}{4\pi}\frac{q_\mathrm{r}}{\phi_\mathrm{r}} = \frac{C_\mathrm{r}}{4\pi} \tag{5.8}$$

となる．有理系の式 $C_\mathrm{r}=\varepsilon_0 S/d$ より，非有理 MKSA における平行平板コンデンサ(電極の面積 S，間隔 d)の静電キャパシタンスは $C_\mathrm{i}=\varepsilon_0 S/4\pi d$ となる．丸くはないコンデンサのキャパシタンスの式に 4π が出るのは不合理である．

今日の観点から見れば，その名前どおり，有理化された単位系は合理的なもので，わざわざ非有理単位系を用いる積極的な理由は何もない．ガウス単位系を有理化したヘビサイド・ローレンツ単位系(1882 年)も提案された．しかし，すでに確立している物理量の数値をいちいち 3.5 倍したり，0.28 倍することは，理論上はともかく，実際的ではなかった．MKSA は最初から有理化されていたので，このような問題には直面することはなかった(しかし，わざわざ非有理系 MKSA というものもつくられ，使われていたようである)．

5.1.3　3 元単位系と 4 元単位系——単位の平方根

電磁気における 3 元単位系と 4 元単位系の考え方の違いを簡単な例で見ておこう．

抵抗に電流を流し，その発熱，すなわちパワー P を測る場面を考える．パワーは電流 I の 2 乗に比例するので，k を定数として $P=kI^2$ と書ける．つぎの 2 つの状況を考える．

(i) パワーだけが正確に測れる場合には，電流を定量するのにパワーを利用することになるだろう．正規化された電流 $\tilde{I}:=\sqrt{k}I$ を定義することで，$P=\tilde{I}^2$ と表される．電流 $\tilde{I}$ は単位 $\sqrt{\mathrm{W}}$ で測られることになる．

(ii) パワー P と電流 I が正確に測れる場合には，$V:=P/I$ によって，相補的変数[*6]としての電圧を定義することになるだろう．$P=VI$ という関係が成り立つ．また，I, V を関係づける定数として抵抗 $R:=V/I\,(=k)$ が導入され

---

*6　反傾的，双対的，共役的とも呼ばれる．

る.

　前者は変数の数が少なく，式も簡単になるが，電流の発熱現象をブラックボックス化してしまっており，電流の単位 $\sqrt{W}$ も 2 乗することを前提に設定されている[*7]．後者は抵抗器の発熱メカニズムを物理的に説明するアプローチになっている．

　電磁気学とのアナロジーでいえば，前者は 3 元単位系 (emu, esu, Gauss) の考え方，後者が 4 元単位系 SI の立場であることが見てとれる．3 元系は，力の式に ε_0 や μ_0 という余分に思われる係数が現れず，表面上は簡単である．一方，4 元系は見かけはやや複雑であるが，電荷と電流がそれぞれもつ 2 面性，すなわち「場をつくる」，「場から力をうける」を忠実に表現しており，それぞれに対応する場 $(\boldsymbol{D}, \boldsymbol{E})$, $(\boldsymbol{H}, \boldsymbol{B})$ も自然に導入される．3 元系はこのような場の 2 面性，あるいは場そのものの存在を軽視しているともいえる．つまり，4 元系は近接作用，3 元系は遠隔作用の考え方を反映しているともいえる．いうまでもなく，前者の方が進歩的かつ合理的な考え方である．

　3 元系には次元的問題があることも早くから指摘されている．長さの単位を α 倍した状況を考える．長さを表す数値は $1/\alpha$ 倍，面積については $1/\alpha^2$ 倍になる．CGS esu では $q \stackrel{\text{esu}}{\sim} \sqrt{\text{dyn}}\,\text{cm} = \text{g}^{1/2}\,\text{cm}^{3/2}\,\text{s}^{-1}$ なので，数値は $\alpha^{-3/2}$ 倍になる．CGS emu では，$\alpha^{-1/2}$ 倍になる．SI では $q \stackrel{\text{SI}}{\sim} \text{As}$ なので，長さのスケール変換に対して不変である．明らかに幾何学的に見て後者が合理的である．

5.2　単位系間の変換——SI から esu, emu へ

　現在では，SI が普及しており，それ以外の単位系が使われる場面は少ないが，過去の文献や教科書を読む場合には，古い単位系との換算の必要が出てくる．ここでは換算のための，公式と変換表を整備しておく．

[*7] 類似のものとして，量子論の波動関数 $\psi(x)$ がある．その単位が $1/\sqrt{\text{m}}$ であることは，$\int |\psi(x)|^2 dx \stackrel{\text{SI}}{\sim} 1$, $dx \stackrel{\text{SI}}{\sim} \text{m}$ から理解できる．3 次元の場合は $\psi(\boldsymbol{x}) \stackrel{\text{SI}}{\sim} \text{m}^{-3/2}$ である．また，ノイズ電圧の周波数領域における密度を表すのに $\text{V}/\sqrt{\text{Hz}}$ がしばしば用いられる．これは 2 乗して抵抗で除すると，(パワースペクトル密度) $\stackrel{\text{SI}}{\sim} \text{W/Hz}$ になることを意味している．

5.2.1 物理量の変換,数値の変換

本節においては以下のような考え方で,SI と CGS esu, CGS emu のあいだの変換を行う.(1)すべての計算を 4 元単位系である SI の枠組みで行う(第 7 章参照)[*8].これによって,次元のバランスがとれた量の関係式が使える.(2) CGS esu, CGS emu の物理量を対応する SI の物理量で表す.3 つの物理量の次元は一般には一致するとは限らず,変換係数は次元つきの量になる.(3)同じ大きさの量を両系で表現した物理量をそれぞれの単位で表した場合の数値のあいだの関係を求める.これが通常,単位の換算式と呼ばれるものである.

CGS esu, CGS emu における量や方程式は,いずれも SI のそれらから変換によって求めることができる.しかし,逆向きの変換や,esu と emu のあいだの変換は存在しない.(第 7 章)

5.2.2　 $1\,\mathrm{T} = 10^4\,\mathrm{Gauss}$ と書いてはいけない

異なった単位系間の換算には細心の注意が必要である.うっかりすると,誤った式を書いてしまう.簡単な例をまず示そう.長さに関する単位である,mm と inch に関する換算は

$$1\,\text{inch} = 25.4\,\text{mm} \tag{5.9}$$

と書くことができる.$L = 40\,\text{inch} = 40 \times 25.4\,\text{mm} = 1016\,\text{mm}$ といった換算が簡単に行える.しかし,1 A と 0.1 emu が同じ大きさの電流を表しているからといって,

$$1\,\mathrm{A} = 0.1\,\mathrm{emu} \quad (\text{誤}) \tag{5.10}$$

と書くことはできない[*9].この等式は emu における式と解釈することはできない.なぜなら,A が定義されていないからである.一方,SI の式と思うと,左辺は電流の次元,右辺は $\mathrm{emu} = \sqrt{\mathrm{dyn}}$ であり,力の平方根の次元をも

[*8] 一般に,量の表現や方程式は単位系が異なれば,違ったものになる.したがって,2 つの単位系の物理量を 1 つの式に混在させることはできないのである.この点を踏まえないと,誤った式を書いてしまうことになる.

[*9] 新 SI では係数 0.1 は近似値である(表 5.1).式(5.15)の 10^4 も同様である.

っており，物理的次元が不整合で，等置できない．これを 2 乗した式 $1\,\mathrm{A}^2 =$ $0.01\,\mathrm{dyn} = 10^{-7}\,\mathrm{N}$ を見れば，無意味さがよく分かるだろう．

正しくは，つぎのように考える必要がある．「同じ電流」をそれぞれの単位系で

$$I_{\mathrm{SI}} = 1\,\mathrm{A}, \quad I_{\mathrm{emu}} = 0.1\sqrt{\mathrm{dyn}} \tag{5.11}$$

と表現したとする．$I_{\mathrm{SI}}/\mathrm{A} = 1$, $I_{\mathrm{emu}}/\sqrt{\mathrm{dyn}} = 0.1$ と書き直すと，これらの無次元量同士を比較することが可能になり，

$$\frac{I_{\mathrm{SI}}}{\mathrm{A}} = \frac{1}{0.1}\frac{I_{\mathrm{emu}}}{\sqrt{\mathrm{dyn}}} \tag{5.12}$$

と書くことができる．同じ電流を A と $\sqrt{\mathrm{dyn}}$ で表した場合の数値の関係を与えている．先の長さの例では，

$$\frac{L}{\mathrm{inch}} = \frac{1}{25.4}\frac{L}{\mathrm{mm}} \tag{5.13}$$

に相当する式になる(L が同一次元で消去可能)．

式(5.12)を変形した

$$\frac{I_{\mathrm{emu}}}{I_{\mathrm{SI}}} = 0.1\frac{\sqrt{\mathrm{dyn}}}{\mathrm{A}} \tag{5.14}$$

も，SI の枠組みで正当な式であり，単位を含めた換算係数を与えている．I_{emu} や $0.1\sqrt{\mathrm{dyn}}\,(=10^{-3.5}\sqrt{\mathrm{N}})$ は SI の量として解釈可能である．逆に I_{SI} や $1\,\mathrm{A}$ を emu の量と見なすことはできない．この形式が変換のツールとしては使いやすい．この式に $I_{\mathrm{SI}} = 1\,\mathrm{A}$ を代入すると，対応する $I_{\mathrm{emu}} = 0.1\sqrt{\mathrm{dyn}}$ が得られる．また，$I_{\mathrm{emu}} = 1\sqrt{\mathrm{dyn}}$ を代入すると，$I_{\mathrm{SI}} = 10\,\mathrm{A}$ が得られる．

同じ電流を与えているからといって，$I_{\mathrm{SI}} = I_{\mathrm{emu}}$ (誤) などとすると，最初と同じ誤りに陥るので注意が必要である．

本項のタイトルである磁束密度に対しては

$$\frac{B_{\mathrm{emu}}}{B_{\mathrm{SI}}} = 10^4\frac{\mathrm{Gauss}}{\mathrm{T}}\left(=10^4\frac{\sqrt{\mathrm{dyn}/\mathrm{cm}}}{\mathrm{Wb/m}^2}\right) \tag{5.15}$$

と書くのが適切である(後出の表 5.2)．

SI から emu に向けては，条件なしに，数値と単位を一意的に変換すること

ができる．emu から SI への変換には一意性がないので注意が必要である．ベクトルポテンシャルの変換式は

$$\frac{A_{\text{emu}}}{A_{\text{SI}}} = 10^6 \frac{\sqrt{\text{dyn}}}{\text{Wb/m}} \tag{5.16}$$

であり，電流とベクトルポテンシャルは emu ではどちらも同じ単位 $\sqrt{\text{dyn}}$ で表されるが，SI では，それぞれ A, Wb/m で表される．例えば，$0.1\sqrt{\text{dyn}}$ を SI に換算する場合，変換先の物理量を明示する必要がある．電流なら 1 A, ベクトルポテンシャルなら 10^{-7} Wb/m に変換される．

変換の一方向性に関しては，第 7 章で詳しく述べたい．

5.2.3 SI から esu, emu への変換係数

第 4 章 4.3.5 で見たように，静電単位系 (esu) は $\varepsilon_{0,\text{esu}} = 1$ となるようにすべての量を変数変換して得られる．SI と有理化 esu 系におけるクーロンの法則は

$$F = \frac{1}{4\pi\varepsilon_0}\frac{q_1 q_2}{r^2} = \frac{1}{4\pi}\frac{q_{1,\text{r-esu}} q_{2,\text{r-esu}}}{r^2} \tag{5.17}$$

である．電荷の換算式は，2 つのクーロンの法則を比較することで

$$q_{\text{r-esu}} = \frac{1}{\sqrt{\varepsilon_0}} q \tag{5.18}$$

のように求められる．

電磁単位系 (emu) は $\mu_{0,\text{emu}} = 1$ となるようにすべての量を変数変換して得られる．SI と有理化 emu 系における，磁気力に関する式はそれぞれ

$$\Delta F = \frac{\mu_0}{2\pi}\frac{I_1 I_2 \Delta l_2}{d} = \frac{1}{2\pi}\frac{I_{1,\text{r-emu}} I_{2,\text{r-emu}} \Delta l_2}{d} \tag{5.19}$$

である．比較から両単位系での電流の関係が

$$I_{\text{r-emu}} = \sqrt{\mu_0} I \tag{5.20}$$

であることが分かる．($I_{\text{r-emu}}$ と $I_{\text{r-esu}} = q_{\text{r-esu}}/T$ とは，(SI における) 次元が異なることに注意．T は時間である．)

5.2.4 変換表——物理量の変換

各量の変換を系統的に求めよう．第1段階として，SIから有理化 esu，有理化 emu，それぞれへの変換を考え，その後に非有理化を行う．

物理量の変換に現れる主要な電磁気量は，4.3節で述べたように，源に関係する量(S量)と力に関係する量(F量)に分類することができる[16]．次元的に見て，前者は電荷や電流に比例，後者は反比例する．具体的には，

$$S = \{q, \boldsymbol{I}, \varrho, \boldsymbol{J}, \boldsymbol{D}, \boldsymbol{H}, \boldsymbol{P}, \boldsymbol{M}\}, \quad F = \{\phi, \boldsymbol{A}, \boldsymbol{E}, \boldsymbol{B}\} \tag{5.21}$$

である．前者はその単位の因子としてアンペア A (あるいはクーロン C=A·s) を，後者はボルト V (あるいはウェーバ Wb=V·s) を含んでいる．すなわち，電荷(電流)あたりの力あるいはエネルギーなどを表す量である．S量と F量の積をとると，電磁気的な次元が打ち消されて，力学的な物理量になる．たとえば，$\boldsymbol{D}\cdot\boldsymbol{E}$，$\boldsymbol{B}\cdot\boldsymbol{H}$ などはエネルギー密度になる．

電荷や電流の変換(5.18)，(5.20)を考慮すると，S量，F量に関する変換則は以下のようにまとめることができる；

$$S_{\text{r-esu}} = \sqrt{\frac{1}{\varepsilon_0}}S, \quad S_{\text{r-emu}} = \sqrt{\mu_0}S, \quad F_{\text{r-esu}} = \sqrt{\varepsilon_0}F, \quad F_{\text{r-emu}} = \sqrt{\frac{1}{\mu_0}}F \tag{5.22}$$

さらに，非有理化を行う．式(5.5)と $S-\Sigma = \{\boldsymbol{D}, \boldsymbol{H}\}$ であることに注意して，

$$S_{\text{esu}} = \iota\sqrt{\frac{1}{4\pi\varepsilon_0}}S, \quad S_{\text{emu}} = \iota\sqrt{\frac{\mu_0}{4\pi}}S, \quad F_{\text{esu}} = \sqrt{4\pi\varepsilon_0}F, \quad F_{\text{emu}} = \sqrt{\frac{4\pi}{\mu_0}}F \tag{5.23}$$

のように変換される．ここで

$$\iota = \begin{cases} 4\pi & (S = \boldsymbol{D}, \boldsymbol{H}) \\ 1 & (その他) \end{cases} \tag{5.24}$$

は，有理・非有理の変換因子である．

式(5.23)によって，SI の方程式を esu, emu の方程式に変換することができる．$\boldsymbol{D} = \varepsilon_0\boldsymbol{E} + \boldsymbol{P}$ に $\boldsymbol{D}_{\text{esu}} = \sqrt{4\pi/\varepsilon_0}\boldsymbol{D}$，$\boldsymbol{E}_{\text{esu}} = \sqrt{4\pi\varepsilon_0}\boldsymbol{E}$，$\boldsymbol{P}_{\text{esu}} = \sqrt{1/4\pi\varepsilon_0}\boldsymbol{P}$ を代入すると，esu の式

5.2 単位系間の変換——SI から esu, emu へ——119

$$D_{\text{esu}} = E_{\text{esu}} + 4\pi P_{\text{esu}}$$

が，$D_{\text{emu}} = \sqrt{4\pi\mu_0}D$, $E_{\text{emu}} = \sqrt{4\pi/\mu_0}E$, $P_{\text{emu}} = \sqrt{\mu_0/4\pi}P$ を代入すると，emu の式

$$D_{\text{emu}} = c_0^{-2} E_{\text{emu}} + 4\pi P_{\text{emu}}$$

が，それぞれ得られる．

5.2.5 変換表——数値の変換

つぎに，単位系の変換に伴う数値の変化を具体的に求める方法を見ておく．S 量は一般に $S = \{S\}\,\text{m}^l\,\text{s}^t\,\text{A}$ と表せる（kg が明示的に必要な場面はあまりない）．式(5.23)と

$$\frac{1}{\sqrt{\varepsilon_0}} = \frac{1}{\sqrt{\{\varepsilon_0\}}} \frac{\sqrt{\text{N}\cdot\text{m/s}}}{\text{A}} \tag{5.25}$$

から，

$$S_{\text{esu}} = 10^{4.5+2l} \frac{\iota\{S\}}{\sqrt{4\pi\{\varepsilon_0\}}} \sqrt{\text{dyn}}\,\text{cm}^{l+1}\,\text{s}^{t-1} \tag{5.26}$$

が得られる．ただし，$\text{N} = 10^5\,\text{dyn}$ を用いた．$\{S\}$ を消去すると，数値の変換式

$$\frac{S_{\text{esu}}}{S} = \frac{10^{4.5+2l}\iota}{\sqrt{4\pi\{\varepsilon_0\}}} \frac{\sqrt{\text{dyn}}\,\text{cm}^{l+1}\,\text{s}^{t-1}}{\text{A}\,\text{m}^l\,\text{s}^t} \tag{5.27}$$

が得られる．

一方，F 量は一般に $F = \{F\}\,\text{m}^l\,\text{s}^t\,\text{V}$ と表せる．式(5.23)と

$$\sqrt{\varepsilon_0} = \sqrt{\{\varepsilon_0\}} \frac{\sqrt{\text{N}}}{\text{V}} \tag{5.28}$$

を用いて

$$F_{\text{esu}} = 10^{2.5+2l}\{F\}\sqrt{4\pi\{\varepsilon_0\}}\sqrt{\text{dyn}}\,\text{cm}^l\,\text{s}^t \tag{5.29}$$

となるので，さらに $\{F\}$ を消去すると，

表 5.1 変換表 S 量

量	(CGS esu)/(SI)		Gauss	(CGS emu)/(SI)	
電荷(電束)	$\dfrac{q_{esu}}{q} = \dfrac{1}{\sqrt{4\pi\varepsilon_0}} = 10^9 xy$	$\dfrac{\sqrt{\mathrm{dyn}\cdot\mathrm{cm}}}{\mathrm{C}}$	$\Leftarrow$	$\dfrac{q_{emu}}{q} = \sqrt{\dfrac{\mu_0}{4\pi}} = \dfrac{y}{10}$	$\dfrac{\sqrt{\mathrm{dyn}\cdot\mathrm{s}}}{\mathrm{C}}$
電流	$\dfrac{I_{esu}}{I} = \dfrac{1}{\sqrt{4\pi\varepsilon_0}} = 10^9 xy$	$\dfrac{\sqrt{\mathrm{dyn}\cdot\mathrm{cm/s}}}{\mathrm{A}}$	$\Leftarrow$	$\dfrac{I_{emu}}{I} = \sqrt{\dfrac{\mu_0}{4\pi}} = \dfrac{y}{10}$	$\dfrac{\sqrt{\mathrm{dyn}}}{\mathrm{A}}$
電荷密度	$\dfrac{\varrho_{esu}}{\varrho} = \dfrac{1}{\sqrt{4\pi\varepsilon_0}} = 10^3 xy$	$\dfrac{\sqrt{\mathrm{dyn/cm^2}}}{\mathrm{C/m^3}}$	$\Leftarrow$	$\dfrac{\varrho_{emu}}{\varrho} = \sqrt{\dfrac{\mu_0}{4\pi}} = \dfrac{y}{10^7}$	$\dfrac{\sqrt{\mathrm{dyn}\cdot\mathrm{s/cm^3}}}{\mathrm{C/m^3}}$
電流密度	$\dfrac{J_{esu}}{J} = \dfrac{1}{\sqrt{4\pi\varepsilon_0}} = 10^5 xy$	$\dfrac{\sqrt{\mathrm{dyn}/(\mathrm{cm}\cdot\mathrm{s})}}{\mathrm{A/m^2}}$	$\Leftarrow$	$\dfrac{J_{emu}}{J} = \sqrt{\dfrac{\mu_0}{4\pi}} = \dfrac{y}{10^5}$	$\dfrac{\sqrt{\mathrm{dyn}/\mathrm{cm^2}}}{\mathrm{A/m^2}}$
電束密度	$\dfrac{D_{esu}}{D} = \sqrt{\dfrac{4\pi}{\varepsilon_0}} = 4\pi\times 10^5 xy$	$\dfrac{\sqrt{\mathrm{dyn}/\mathrm{cm}}}{\mathrm{C/m^2}}$	$\Leftarrow$	$\dfrac{D_{emu}}{D} = \sqrt{4\pi\mu_0} = \dfrac{4\pi y}{10^5}$	$\dfrac{\sqrt{\mathrm{dyn}\cdot\mathrm{s/cm^2}}}{\mathrm{C/m^2}}$
磁場の強さ	$\dfrac{H_{esu}}{H} = \sqrt{\dfrac{4\pi}{\varepsilon_0}} = 4\pi\times 10^7 xy$	$\dfrac{\sqrt{\mathrm{dyn/s}}}{\mathrm{A/m}}$	$\Rightarrow$	$\dfrac{H_{emu}}{H} = \sqrt{4\pi\mu_0} = \dfrac{4\pi y}{10^3}$	$\dfrac{\sqrt{\mathrm{dyn}}/\mathrm{cm}}{\mathrm{A/m}}$
分極	$\dfrac{P_{esu}}{P} = \dfrac{1}{\sqrt{4\pi\varepsilon_0}} = 10^5 xy$	$\dfrac{\sqrt{\mathrm{dyn}}/\mathrm{cm}}{\mathrm{C/m^2}}$	$\Leftarrow$	$\dfrac{P_{emu}}{P} = \sqrt{\dfrac{\mu_0}{4\pi}} = \dfrac{y}{10^5}$	$\dfrac{\sqrt{\mathrm{dyn}\cdot\mathrm{s/cm^2}}}{\mathrm{C/m^2}}$
磁化	$\dfrac{M_{esu}}{M} = \dfrac{1}{\sqrt{4\pi\varepsilon_0}} = 10^7 xy$	$\dfrac{\sqrt{\mathrm{dyn/s}}}{\mathrm{A/m}}$	$\Rightarrow$	$\dfrac{M_{emu}}{M} = \sqrt{\dfrac{\mu_0}{4\pi}} = \dfrac{y}{10^3}$	$\dfrac{\sqrt{\mathrm{dyn}/\mathrm{cm}}}{\mathrm{A/m}}$

表 5.2 変換表 F 量, その他

量	(CGS esu)/(SI)		Gauss	(CGS emu)/(SI)	
電場	$\dfrac{E_{esu}}{E} = \sqrt{4\pi\varepsilon_0} = \dfrac{1}{10^4 xy}$	$\dfrac{\sqrt{\mathrm{dyn/cm}}}{\mathrm{V/m}}$	$\Leftarrow$	$\dfrac{E_{emu}}{E} = \sqrt{\dfrac{4\pi}{\mu_0}} = \dfrac{10^6}{y}$	$\dfrac{\sqrt{\mathrm{dyn}\cdot\mathrm{s}}}{\mathrm{V/m}}$
磁束密度	$\dfrac{B_{esu}}{B} = \sqrt{4\pi\varepsilon_0} = \dfrac{1}{10^6 xy}$	$\dfrac{\sqrt{\mathrm{dyn}\cdot\mathrm{s/cm^2}}}{\mathrm{Wb/m^2}}$	$\Rightarrow$	$\dfrac{B_{emu}}{B} = \sqrt{\dfrac{4\pi}{\mu_0}} = \dfrac{10^4}{y}$	$\dfrac{\sqrt{\mathrm{dyn}}/\mathrm{cm}}{\mathrm{Wb/m^2}}$
電位	$\dfrac{\phi_{esu}}{\phi} = \sqrt{4\pi\varepsilon_0} = \dfrac{1}{10^2 xy}$	$\dfrac{\sqrt{\mathrm{dyn}}}{\mathrm{V}}$	$\Leftarrow$	$\dfrac{\phi_{emu}}{\phi} = \sqrt{\dfrac{4\pi}{\mu_0}} = \dfrac{10^8}{y}$	$\dfrac{\sqrt{\mathrm{dyn}\cdot\mathrm{cm/s}}}{\mathrm{V}}$
ベクトルポテンシャル	$\dfrac{A_{esu}}{A} = \sqrt{4\pi\varepsilon_0} = \dfrac{1}{10^4 xy}$	$\dfrac{\sqrt{\mathrm{dyn}\cdot\mathrm{s/cm}}}{\mathrm{Wb/m}}$	$\Rightarrow$	$\dfrac{A_{emu}}{A} = \sqrt{\dfrac{4\pi}{\mu_0}} = \dfrac{10^6}{y}$	$\dfrac{\sqrt{\mathrm{dyn}}}{\mathrm{Wb/m}}$
磁束(磁荷)	$\dfrac{\Phi_{esu}}{\Phi} = \sqrt{4\pi\varepsilon_0} = \dfrac{1}{10^2 xy}$	$\dfrac{\sqrt{\mathrm{dyn}\cdot\mathrm{s}}}{\mathrm{Wb}}$	$\Rightarrow$	$\dfrac{\Phi_{emu}}{\Phi} = \sqrt{\dfrac{4\pi}{\mu_0}} = \dfrac{10^8}{y}$	$\dfrac{\sqrt{\mathrm{dyn}}\,\mathrm{cm}}{\mathrm{Wb}}$
抵抗	$\dfrac{R_{esu}}{R} = 4\pi\varepsilon_0 = \dfrac{1}{10^{11} x^2 y^2}$	$\dfrac{\mathrm{s/cm}}{\Omega}$	$\Leftarrow$	$\dfrac{R_{emu}}{R} = \dfrac{4\pi}{\mu_0} = \dfrac{10^9}{y^2}$	$\dfrac{\mathrm{cm/s}}{\Omega}$
磁気分極 $\mu_0 M$	$\dfrac{P_{m,esu}}{P_m} = \sqrt{\dfrac{\varepsilon_0}{4\pi}} = \dfrac{10^{-6}}{4\pi xy}$	$\dfrac{\sqrt{\mathrm{dyn}\cdot\mathrm{s/cm^2}}}{\mathrm{Wb/m^2}}$	$\Rightarrow$	$\dfrac{P_{m,emu}}{P_m} = \dfrac{1}{\sqrt{4\pi\mu_0}} = \dfrac{10^4}{4\pi y}$	$\dfrac{\sqrt{\mathrm{dyn}}/\mathrm{cm}}{\mathrm{Wb/m^2}}$

SI における量 X に対応する, CGS 静電単位系(esu)の量を X_{esu}, CGS 電磁単位系(emu)の量を X_{emu} のように表す. SI における量は特に印を付けない. $\Leftarrow$, $\Rightarrow$ はガウス単位系が, esu, emu を採用していることを示している. $x = \{c_0\}/10^8 = 2.99792458 \sim 3.0$, $y = \{\mu_0\}/(4\pi\times 10^{-7}) \sim 1.0$ (非常に 1 に近い).

表 5.3 単位系の変換による物理定数の変化

物理定数	CGS esu	CGS emu	Gauss
真空の誘電率	$\varepsilon_{0,\text{esu}}=1$	$\varepsilon_{0,\text{emu}}=1/c_0^2$	$\varepsilon_{0,\text{G}}=1$
真空の透磁率	$\mu_{0,\text{esu}}=1/c_0^2$	$\mu_{0,\text{emu}}=1$	$\mu_{0,\text{G}}=1$
光速の関係式	$c_0=1/\sqrt{\mu_{0,\text{esu}}\varepsilon_{0,\text{esu}}}$	$c_0=1/\sqrt{\mu_{0,\text{emu}}\varepsilon_{0,\text{emu}}}$	—
真空のインピーダンス	$Z_{0,\text{esu}}=1/c_0$	$Z_{0,\text{emu}}=c_0$	$Z_{0,\text{G}}=1$

- ガウス単位系では，c_0 を電磁気の定数 $\varepsilon_{0,\text{G}}$，$\mu_{0,\text{G}}$ から導くことはできない．

$$\frac{F_{\text{esu}}}{F} = 10^{2.5+2l}\sqrt{4\pi\{\varepsilon_0\}}\frac{\sqrt{\text{dyn}}\,\text{cm}^l\,\text{s}^t}{\text{V}\,\text{m}^l\,\text{s}^t} \tag{5.30}$$

が得られる．

emu についても同様に，S 量，F 量に対して，それぞれ

$$\frac{S_{\text{emu}}}{S} = 10^{2.5+2l}\iota\sqrt{\frac{\{\mu_0\}}{4\pi}}\frac{\sqrt{\text{dyn}}\,\text{cm}^l\,\text{s}^t}{\text{A}\,\text{m}^l\,\text{s}^t} \tag{5.31}$$

$$\frac{F_{\text{emu}}}{F} = 10^{4.5+2l}\sqrt{\frac{4\pi}{\{\mu_0\}}}\frac{\sqrt{\text{dyn}}\,\text{cm}^{l+1}\,\text{s}^{t-1}}{\text{V}\,\text{m}^l\,\text{s}^t} \tag{5.32}$$

のような変換則が得られる．これらに対して数値 $\{\varepsilon_0\}$，$\{\mu_0\}$ を実際に代入すればよいのだが，計算が煩雑になるので，係数の近似値を簡単に求めるために，つぎのような，1 と 3 に近い無次元の変数を導入する．

$$y := \sqrt{\frac{\{\mu_0\}}{4\pi \times 10^{-7}}} \approx 1.0, \quad x := \frac{\{c_0\}}{10^8} = 2.99792458 \approx 3.0 \tag{5.33}$$

y の 1 からのずれは 10^{-10} 程度である．

これらと $1/\sqrt{\{\varepsilon_0\}} = \{c_0\}\sqrt{\{\mu_0\}}$ より，次の変換則が得られる．

$$\frac{S_{\text{esu}}}{S} = xy\iota \times 10^{9+2l}\frac{\sqrt{\text{dyn}}\,\text{cm}^{l+1}\,\text{s}^{t-1}}{\text{A}\,\text{m}^l\,\text{s}^t},$$

$$\frac{F_{\text{esu}}}{F} = \frac{1}{xy} \times 10^{-2+2l}\frac{\sqrt{\text{dyn}}\,\text{cm}^l\,\text{s}^t}{\text{V}\,\text{m}^l\,\text{s}^t},$$

$$\frac{S_{\text{emu}}}{S} = y\iota \times 10^{-1+2l}\frac{\sqrt{\text{dyn}}\,\text{cm}^l\,\text{s}^t}{\text{A}\,\text{m}^l\,\text{s}^t},$$

$$\frac{F_{\text{emu}}}{F} = \frac{1}{y} \times 10^{8+2l}\frac{\sqrt{\text{dyn}}\,\text{cm}^{l+1}\,\text{s}^{t-1}}{\text{V}\,\text{m}^l\,\text{s}^t} \tag{5.34}$$

まとめとして，電磁気の諸量に対する変換を表 5.1，表 5.2 に示す．量の変

換にも数値の変換にも使える．次元の異なる物理量を区別するとともに，等号で結ぶべき関係は明示的に等式で表し，この種の表にありがちな曖昧さを排した．表に掲載されていない量についても，この表を元にして換算ができる．

変換による電磁気の定数の変化についても表5.3にまとめておく．

5.3 ガウス単位系——esuとemuの無理な融合

3元単位系では，電磁気量の単位はすべて力学の3つの基本単位の組み合わせで表される．力学の単位は(m, kg, s), (mm, mg, s), (cm, g, s)など多様性はあるものの，その実現方法や相互の関係は確定しており，電磁量表現もその恩恵にあずかれるという利点がある．それに対して，実用単位では，さまざまな現示が乱立し，相互の関係が捉えきれなくなるという欠点がある．一貫性が容易に保たれるのも，絶対単位系である3元単位系の利点である．他方，実用単位では，利便性から例えば電圧と抵抗の標準が独自につくられるなどで，一貫性がわずかに破られてしまう．

しかし，3元単位系は以下の問題を抱えていた．(1) esu, emuの2種類が存在する．(2)非有理である．(3)電磁気量の単位が極端に大きかったり，小さかったりする．(4)意味が分かりにくい半整数の次元を含む．

3元系の欠点のうちの(1)の解決を目指して，ヘルムホルツはesuとemuを折衷して，電気と磁気に関して対称性をもつ(非有理)単位系を提案した(1882年)．この単位系は，ヘルツによって普及が図られ，ガウス単位系と呼ばれるようになった(図5.1)．数学者として有名なガウスは1830年から1840年にかけて，地磁気の研究を精力的に進めた．その際，磁場の定量化のために絶対単位の考え方を導入したのだが，ガウス単位系の考案者というわけではない．ガウス単位系が賞味期限を越えて永く使われ続けているのは，この権威を借りた命名のお蔭かもしれない．(2)の問題については，直後に，ガウス単位系を有理化した，ヘビサイド・ローレンツ単位系がヘビサイドらによって提案されたが，あまり普及しなかった．

1880年当時，emuが主流になってきており，実用単位もemuを元に絶対化されるなど，esuが単位系として使われる場面は少なくなってきていた．ヘ

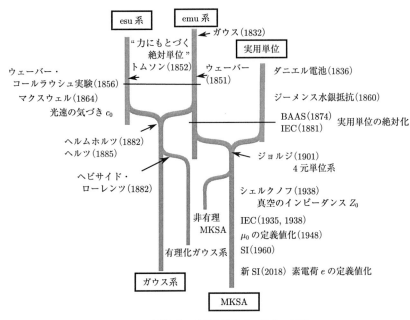

図 5.1 電磁気学の主要な単位系の進化の系譜.

ルムホルツは何とか，電磁気の出発点であるクーロンの法則が簡単になる，esu の利点を活かす方法として，esu, emu の混合系を考えるに至ったのである [10]．この時代は，まだ電気，磁気の担い手の実体は不明な状態であり，その隙間を利用して，力の式を調整して対称な単位系をつくり上げた．特に磁気については，磁極と電流という 2 つの源が完全に統一的には捉えられておらず，その曖昧さを利用し，誤魔化して対称化を実現したともいえる．

結果としてでき上がったガウス単位系は，表 5.1，表 5.2 の矢印で示すように，電気的な量については esu，磁気的な量については emu を使うという折衷になっている．その結果，電気的な量のみを含む式は esu，磁気的な量のみを含む式は emu のものと一致する．そのため，構成方程式は $\boldsymbol{D}_G = \boldsymbol{E}_G$，$\boldsymbol{H}_G = \boldsymbol{B}_G$ と簡単化される．一方，電気的な量と磁気的な量が混在する式には，esu と emu の換算係数としての c_0 が現れることになる．苦し紛れに導入されたガウス単位系なのだが，電気・磁気に対する対称性や構成方程式が省略できることから，多くの研究者によって使われるようになり，教科書でも採用

されてきた(→コラム「EH 対応と EB 対応——D, H は補助場ではない」).

しかし,現在の視点から見ると,その導入には無理があるといわざるを得ない.電磁気における重要な関係式 $c_0 = 1/\sqrt{\varepsilon_0\mu_0}$ を犠牲にしたことが最大の問題である.また,電磁場を構成する4つの場を,2つに縮退させてしまい,理論の構成を理解しにくいものにしてしまった.電磁気の重要な定数である真空のインピーダンス Z_0 も理論から完全に排除された.

ガウス単位系におけるアンペール・マクスウェルの式は,SI の式に,emu の $\boldsymbol{H}_{\mathrm{emu}} = \sqrt{4\pi\mu_0}\boldsymbol{H}$,esu の $\boldsymbol{D}_{\mathrm{esu}} = \sqrt{4\pi/\varepsilon_0}\boldsymbol{D}$,$\boldsymbol{J}_{\mathrm{esu}} = \boldsymbol{J}/\sqrt{4\pi\varepsilon_0}$ を代入して得られる;

$$\mathrm{curl}\,\boldsymbol{H}_{\mathrm{emu}} = \frac{1}{c_0}\frac{\partial \boldsymbol{D}_{\mathrm{esu}}}{\partial t} + \frac{4\pi}{c_0}\boldsymbol{J}_{\mathrm{esu}} \tag{5.35}$$

ガウス単位系では,マクスウェル方程式において,時間微分が $c_0^{-1}\partial/\partial t$ となり,相対論的で好ましいという意見があるが,esu と emu の物理量が混在する式に現れる変換係数にすぎず,皮相的な見方といえる.実際,電荷の保存則

$$\mathrm{div}\,\boldsymbol{J}_{\mathrm{esu}} + \frac{\partial \varrho_{\mathrm{esu}}}{\partial t} = 0 \tag{5.36}$$

の微分には,c_0 は出てこない.これは,esu の物理量のみを含む式だからである.アンペール・マクスウェルの式の電流密度項に c_0 が現れないよう,こっそり手当をした,修正ガウス単位系というものがある[28];

$$\mathrm{curl}\,\boldsymbol{H}_{\mathrm{emu}} = \frac{1}{c_0}\frac{\partial \boldsymbol{D}_{\mathrm{esu}}}{\partial t} + 4\pi\boldsymbol{J}_{\mathrm{emu}} \tag{5.37}$$

電流は磁気的な量であるとして,emu を使う流儀である.この場合,電荷の保存則の微分項に c_0 がつく形になる;

$$\mathrm{div}\,\boldsymbol{J}_{\mathrm{emu}} + \frac{1}{c_0}\frac{\partial \varrho_{\mathrm{esu}}}{\partial t} = 0 \tag{5.38}$$

ガウス単位系では,電流間に働く力(式(4.18))は

$$\Delta F = \frac{1}{c_0^2}\frac{I_{1,\mathrm{esu}}I_{2,\mathrm{esu}}\Delta l_2}{r} \tag{5.39}$$

アンペールの法則 $H = I/(2\pi r)$ は

$$H_{\text{emu}} = \frac{2}{c_0} \frac{I_{\text{esu}}}{r} \tag{5.40}$$

などとなる．磁気定数の簡単さ（$\mu_{0,\text{G}}=1$）を狙ったつもりのガウス単位系なのであるが，これらの式に見られるように，磁場と電流の関係が覚えにくい形になってしまっている．

5.3.1　3元単位系の定量的問題と回路の単位

電磁気学の単位系のむずかしさの背景には，（非相対論的極限における）電気力と磁気力の大きさの極端な違いという定量的問題が潜んでいる．力の比 $F_{\text{m}}/F_{\text{e}} = v_1 v_2/c_0^2$ に，例えば $v_1 = v_2 \sim 1\,\text{m/s}$ を代入すると，$F_{\text{m}}/F_{\text{e}} = \{c_0\}^{-2} \sim 10^{-16}$ となる（各粒子の寄与は $\{c_0\}^{-1} \sim 10^{-8}$ と考えられる）．金属中の自由電子のドリフト速度は $1\,\text{m/s}$ よりずっと小さいので，違いはもっと大きい．別の言い方をすると，1 A の電流間に働く力はそれほど大きくないが，これを 1 s 蓄積して得られる 1 C の電荷間に働く力はとてつもなく大きいということである．普段，この極端さに気づかないのは，金属中の電子とイオンが互いの電場をほぼ完全に打ち消しており，電気力が外部に及んでいないからである．金属中の自由電子は電流に寄与する以上に，電場の打ち消しに尽力している．一方，磁場については静止しているイオンの寄与はなく，電子の運動によるものがそのまま外部に現れる（超伝導の場合は磁場についても打ち消しが生じる）．

力を基準とする 3 元単位系は，表 5.4 に示すように，この極端さの影響をどうしても受けてしまう．電気力を基準とする esu では，電荷や電流の単位は小さく，磁気力を基準とする emu（とガウス単位系）では，電流や電荷の単位は大きくなってしまい，実用上使いにくいものになる（ウェーバー・コールラウシュの実験は定量的にこの極端な違いを測定したということになる）．

電流の 1 emu（$=1\sqrt{\text{dyn}}$）は 10 A に相当するので，それほど大きくは見えないが，力学の基本単位の違いを考慮すると，$1\sqrt{\text{N}}$ は 3×10^3 A に相当し，かなり大きい．一方，電荷の 1 esu（$=1\sqrt{\text{dyn}\,\text{cm}}$）は，およそ 3×10^{-10} C に相当するが，力学単位を考慮しても，$1\sqrt{\text{N}}\,\text{m}$ はおよそ 10^{-5} C であり，かなり小さい．いずれの単位系においても，抵抗の単位は非日常的な大きさになってい

表 5.4 CGS esu, CGS emu における電流, 電圧, 抵抗の単位を SI で表した(概算)値

	CGS esu	CGS emu	MKS r-esu	MKS r-emu
電流	0.3 nA	10 A	$\{\varepsilon_0\}^{1/2}$ A $\sim 2.97\,\mu$A	$\{\mu_0\}^{-1/2}$ A ~ 28.2 kA
電圧	0.3 kV	10 nV	$\{\varepsilon_0\}^{-1/2}$ V ~ 336 kV	$\{\mu_0\}^{1/2}$ V $\sim 35.5\,\mu$V
抵抗	1 TΩ	1 nΩ	$\{\varepsilon_0\}^{-1}$ Ω ~ 113 GΩ	$\{\mu_0\}$ Ω ~ 1.26 nΩ

- SI に比べて, esu は高電圧, 小電流, emu は低電圧, 大電流であることが分かる. どちらも, 抵抗の単位が極端であり, 実用には適していない. 特に真空のインピーダンス $Z_0 = 377\,\Omega$ との隔たりが大きいことが問題である. ベースとなる力学の単位系の影響を除くために, MKS に基づく有理単位系 MKS r-esu, MKS r-emu の場合の単位の大きさも掲げておく. ε_0, μ_0 の存在が SI (MKSA) の単位の大きさの中庸さを実現していることが分かる. もし仮に, $\{\varepsilon_0\} = \{\mu_0\}$ ($= \{c_0\}^{-1}$) であれば, 正確に中庸ということになる. これは $\{Z_0\} = 1$ になるように設定された単位系に相当する.

る[*10].

3元系の範囲でこの問題を解決しようと試みた例が QES 単位系 (quadrand-eleventh-gram-second) である. 長さの単位を 10^7 m (地球の周囲の 1/4), 質量の単位を 10^{-11} g, 時間の単位を 1 s とするものである. emu について力学単位系として CGS の代わりに QES を用いると, 電流, 電圧, 抵抗の単位の大きさがそれぞれ A, V, Ω と等しくなる. しかし, こんどは力学の単位の大きさが非日常的なものになっているので, 問題点をすり替えただけのことである.

それに対して 4 元単位系は, 力のことを棚上げにして, 電荷や電流の単位を使いやすい大きさに設定することができる. そこで, 人間が電磁気を能動的に操れる分野である電気回路で利用されていた単位であるアンペア, ボルト, オームなどを導入することが可能となるのである. D, H は電荷, 電流に直結した場であり, 力とは無関係である. 力が必要な場合は, 定数 $\varepsilon_0, \mu_0^{-1}$ を用いて E, B を求めればよい. 前者の大きい数値が大きい電気力を, 後者の小さい数値がそれに比べて極端に小さい磁気力を与える. たとえば, 電磁エネルギー密度を D, H で表した

$$W = \frac{1}{2}\left(\varepsilon_0^{-1} D^2 + \mu_0 H^2\right) = \frac{Z_0}{2}\left(c_0 D^2 + c_0^{-1} H^2\right) \tag{5.41}$$

[*10] 回路で使われる一般的な抵抗器の値は 1 Ω から 1 MΩ の範囲に収まっている. これらの幾何平均 1 kΩ が真空のインピーダンス $Z_0 \sim 377\,\Omega$ に近いのは偶然ではない.

は，電気と磁気の量的関係をよく示している．

5.4 実用単位系から MKSA へ——ジョルジのアイデア

ボルタによる電池の発明(1800年)により，電池と抵抗，コンデンサ，コイルなどの素子を組み合わせて回路を構成し，実験室でさまざまな電気の実験が行えるようになった．定量的な実験を行うために単位の整備が必要とされた．まず，電圧の単位を実現するために電池を用いるのは自然な考えである．亜鉛と銅を電極，硫酸亜鉛と硫酸銅を電解液とするダニエル電池(1836年)が標準として使われるようになった．これが1Vの原形である．現在のボルトで測ると，その起電力が約1.1Vであることが知られているので，やや大きめの単位であったことになる．一方，絶対単位との関連で，ダニエル電池の起電力が 1×10^8 emu に偶然近いことも指摘されていた．

19世紀半ばは大西洋横断海底ケーブルが敷設されるなど，電信通信網が急速に発達した時期であり，ケーブルの品質管理(損失，絶縁，故障点の検出など)のために正確な抵抗の標準器が必要とされていた．抵抗の標準は簡単には決まった断面積，決まった長さの銅線を用いればよいと思われるが，銅は不純物や製造法の影響を大きく受けるので再現性に問題がある．ジーメンスは断面積 $1\,\mathrm{mm}^2$，長さ $100\,\mathrm{cm}$ の水銀柱を抵抗の標準とすることを提案した(1860年)．これが $1\,\Omega$ の原形である．現在のオームでは，水銀の抵抗率は $0.96\,\mu\Omega\,\mathrm{m}$ なので，やや小さめであったことが分かる．これも，不思議なことに絶対単位で測ると 1×10^9 emu に近い．

1861年以来，英国科学振興協会(BAAS)は，電気の計量のための単位系の確立を目指した．特に，メートル法によるエネルギーの単位を含めた一貫性が追求された．ボルト，オーム，ファラドなどの単位が定められた．一方，人工的な標準による単位設定の任意性を排除するために，絶対単位を基準に大きさを再調整することも行われた．BAASの依頼を受けて，マクスウェルとトムソンは，抵抗の値を「絶対測定」によって定める方法を確立した(図4.7の背景に使われている装置がそれである)[8]．emu ではコイルのインダクタンス $L_{\mathrm{emu}} \stackrel{\mathrm{emu}}{\sim} \mathrm{cm}$ が幾何学的寸法のみによって決まるので，そのリアクタンス

表 5.5　1881 年国際電気会議での定義

	実用単位	絶対単位
電圧	1 V	10^8 emu $= 10^8\sqrt{\mathrm{dyn}}$ cm/s
抵抗	1 Ω	10^9 emu $= 10^9$ cm/s
電流	1 A	10^{-1} emu $= 10^{-1}\sqrt{\mathrm{dyn}}$

$\omega L_{\mathrm{emu}} \overset{\mathrm{emu}}{\sim}$ cm/s によって抵抗が校正できる．この結果に基いて，10^9 emu に相当する抵抗標準が作成された）．

1881 年の国際電気会議では，これらの実用単位が承認された．さらに電流の単位として，アンペアが導入され，10^{-1} emu と定められた．

これによって，学術的には CGS emu 系，工学的には実用単位系を使うという 2 本立ての方針が示されたことになる．実用単位系の単位の大きさは絶対測定で定まることになり，その中では一貫性も（誤差の範囲内で）配慮されており，1 A = 1 V/1 Ω が成り立っている．しかし，CGS emu と一貫性を保ったまま，力学の単位系と統合することは不可能である．

ところで，1 A の電流が電位差 1 V を流れた場合の電力（工率）は 1 W と定義されていた．表 5.5 を用いて emu で表すと，

$$P = 0.1\sqrt{\mathrm{dyn}} \times 10^8 \sqrt{\mathrm{dyn}}\,\mathrm{cm/s} = 10^7\,\mathrm{erg/s} = 1\,\mathrm{J/s} \tag{5.42}$$

となる．偶然にも，MKS 単位系における力学的仕事率の単位量になっている（電流の発熱作用と力学的仕事の定量的関係はジュールの実験によって明らかになっていた）．この「幸運な偶然の一致」を用いると，実用単位系と MKS 力学単位系を一貫性を保って統合できることになる．この事実を利用して，ジョルジ（図 5.2）[15, 29] は電流の単位アンペアを 4 番めの基本単位として MKS に加えた，新たな 4 元（有理）単位系 MKSA を提案した（1901 年）．「力」ではなく「仕事」を通して，2 つの単位系が接続されたのである（図 5.1）．電流の代わりに抵抗の単位オームを基本単位とする MKSΩ 単位系なども可能であることが示されたが，本質は変わらない．

この素晴らしいアイデアによって，電磁気の単位系は絶対 3 元系の「力」の呪縛から解き放された．実用単位系と絶対単位系が統合されただけでなく，

図 5.2　ジョルジ (Giovanni Georgi, 1871-1950 年). 1901 年, MKS 力学単位系に第 4 の基本単位としてアンペア (あるいは他の電磁単位) を加えることで, 扱いやすい大きさの電磁単位と, 一貫性を備えた有理単位系が構成できることを示した. このジョルジ単位系の優位性は徐々に認められ, 1946 年には国際機関によって正式に採用され, 1960 年の SI (国際単位系) へと結実した. 2018 年の改定 SI では, アンペアが素電荷で定義されることで, 電磁気の独立単位の導入というジョルジの発想が完成したことになる.

当初から有理系であり, 非有理系の不合理さに煩わされることもなくなった. 3 元単位系が抱えていた多くの課題を一挙に解決する快挙であった.

しかし, 慣習からの脱却は容易ではなく, MKSA 単位系の普及はスムーズには進まなかった (わざわざ, 非有理 MKSA 単位系をつくる動きさえあった). 有理単位系の優位を理解していたゾンマーフェルトがヘビサイド・ローレンツ単位系を捨てて, 電荷の単位 C (クーロン) を基本単位とする MKSQ 単位系 (MKSC 単位系とも書かれる) に乗り換えたのは 1932 年のことである (→ コラム「ガウス単位系の跳梁跋扈」).

国際電気標準会議 (IEC) がジョルジ単位系の採用を決めたのは 1935 年のことである. 第 2 次世界大戦による中断があり, 正式に承認されるのは, さらに後の 1946 年の CIPM や 1950 年の IEC でのことである.

30 歳のジョルジのアイデアが普及するのにずいぶん時間がかかってしまったわけであるが, 幸いなことは, 1930 年代に IEC のイタリア代表委員として, 彼の単位系が国際的に承認される過程に参画できたことである.

5.5 単位系相互の関係――系統樹

これまで，SI (MKSA) から，esu, emu を系統的に導く方法を調べてきた．しかし，SI からガウス単位系や修正ガウス単位系を導くことは，自由度の観点からできないことは明らかで，表 5.1，表 5.2 に示すように，物理量ごとに esu, emu を使い分けるという解釈をしてきた．しかし，4 元より大きい単位系から出発すれば，ガウス単位系を導くことは可能である(実際，ヘルムホルツはそのような方法を採ったのである)．これ以降，すべての単位系は有理化されたものと考える．

ガウス単位系，修正ガウス単位系，MKSA 単位系のすべてを系統的に導出するためには，電磁気的自由度 3 の 6 元単位系を準備する必要がある．基本単位を (m, kg, s, C, A, A') とする[*11]．まず，電荷の単位 C と電流の単位 A を独立に設定する．そのために，$A = C/s$ は一般に成り立たなくなる．さらにもう 1 種類の電流に対する単位 A' を導入する．これは磁気モーメントや磁極に寄与する，外には取り出せない拘束された電流に対する単位である．すると定数

$$\gamma = \frac{C}{A\,s}, \quad \alpha = \frac{A}{A'} \tag{5.43}$$

は，それぞれ次元つきの量となる．この節では，6 元系の量は添字なしの記号で表す．一方，その他の単位系の量は添字をつける．SI の量にも添字 SI をつけて表す．

電磁場の各量を以下のように分類する；

$$S_C = \{q, \boldsymbol{D}, \boldsymbol{P}, \varrho\}, \quad F_C = \{\phi, \boldsymbol{E}\},$$
$$S_{A'} = \{\boldsymbol{H}, \boldsymbol{M}\}, \quad F_{A'} = \{\boldsymbol{A}, \boldsymbol{B}\},$$
$$S_A = \{\boldsymbol{I}, \boldsymbol{J}\} \tag{5.44}$$

ただし，$[S_C] = [F_C]^{-1} = C$, $[S_{A'}] = [F_{A'}]^{-1} = A'$, $[S_A] = A$. 主な方程式は以下

[*11] C, A, A' はこの時点では SI の C, A と必ずしも関係のない単位であるが，覚えやすさのために流用する．

のようになる．

・電荷保存

$$\mathrm{div}\, \boldsymbol{J} + \frac{1}{\gamma}\frac{\partial \varrho}{\partial t} = 0 \tag{5.45}$$

・マクスウェル方程式（源場）

$$\mathrm{div}\, \boldsymbol{D} = \varrho, \quad \mathrm{curl}\, \boldsymbol{H} = \frac{1}{\alpha\gamma}\frac{\partial \boldsymbol{D}}{\partial t} + \frac{1}{\alpha}\boldsymbol{J} \tag{5.46}$$

・構成方程式

$$\boldsymbol{D} = \varepsilon_0 \boldsymbol{E} + \boldsymbol{P}, \quad \boldsymbol{H} = \mu_0^{-1}\boldsymbol{B} - \boldsymbol{M} \tag{5.47}$$

・マクスウェル方程式（力場）

$$\mathrm{curl}\, \boldsymbol{E} = -\frac{1}{\alpha\gamma}\frac{\partial \boldsymbol{B}}{\partial t}, \quad \mathrm{div}\, \boldsymbol{B} = 0 \tag{5.48}$$

・電磁力（点電荷，体積あたり）

$$\boldsymbol{F} = q\boldsymbol{E} + \frac{1}{\alpha\gamma}q\boldsymbol{v}\times\boldsymbol{B}$$
$$\boldsymbol{f} = \varrho\boldsymbol{E} + \frac{1}{\alpha}\boldsymbol{J}\times\boldsymbol{B} \tag{5.49}$$

波動方程式を立てると，拘束条件として光速の式が得られる；

$$c_0 = \frac{\alpha\gamma}{\sqrt{\varepsilon_0\mu_0}} \tag{5.50}$$

ここで，$[\varepsilon_0]\propto \mathrm{C}^2$，$[\mu_0]\propto \mathrm{A}'^2$ であることに注意する．

このように準備された6元単位系 MKSCAA′ から，図 5.3 に示すように，ガウス単位系(G)，修正ガウス単位系(mG)，MKSA 単位系が定数 α, γ, ε_0, μ_0 を用いた変数の正規化によって，それぞれ導出されることを示す．

ガウス単位系 この6元単位系について，C/s と A を同一視して得られる5元単位系を考える．つまり，電荷の単位 C を外部電流の単位 A を用いて定義している．一方，内部電流の単位 A′ はこの時点では決まらない．これを MKSAA′ 単位系とよび，その物理量を，$\acute{Q}$ と表すことにする．以下のような正規化による変換を行い，各量を分類し直す；

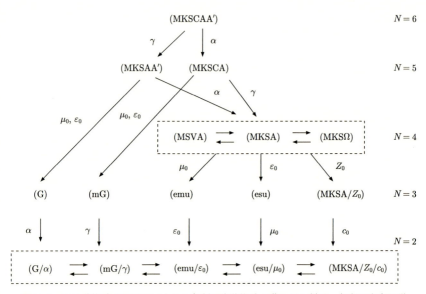

図 5.3 6元単位系 MKSCAA′ から各(有理)単位系が導かれる様子．矢印の方向に単位系の変換が可能である．G はガウス単位系，mG は修正ガウス単位系を表す．矢印に添えられた量は，変換によって "1" に規格化される．破線四角で囲まれた部分は等価な単位系であり双方向に変換可能である．

$$\acute{S}_A = S_A \cup \gamma^{-1} S_C, \quad \acute{F}_A = \gamma F_C$$
$$\acute{S}_{A'} = S_{A'}, \quad \acute{F}_{A'} = F_{A'} \tag{5.51}$$

"∪" は集合の合併を表す．この段階で，$\acute{\gamma}=1$ となる．ガウス単位系は，さらに $\varepsilon_{0,G}=1$, $\mu_{0,G}=1$ となるように正規化したものであるが，$\gamma_G = \acute{\gamma} = 1$ であることから，光速による拘束条件(5.50)は $c_0 = \alpha_G$ となる．すなわち，A $= c_0$A′ である．正規化によってすべての量が力学的な次元だけで表されるようになる：

$$M_G = \acute{S}_A/\sqrt{\varepsilon_0} \cup \sqrt{\varepsilon_0}\acute{F}_A \cup \sqrt{\mu_0}\acute{S}_{A'} \cup \acute{F}_{A'}/\sqrt{\mu_0} \tag{5.52}$$

ガウス単位系では，外部電流と内部(拘束)電流を c_0 だけ異なる別の単位で測っているということになる．そして，磁場 H, B は後者を基準に測っている．そのため，外部電流が作る磁場を計算するときには，必ず c_0^{-1} が必要となる．

A＝A′ を前提とする SI とは全く異なった磁場に対するモデルが背景に潜んでいるのである．こういった状況を踏まえずに，SI とガウス単位系を都合よく併用しようという試みは混乱以外の何ものでもないことが分かる．

修正ガウス単位系 6元単位系について，A と A′ を同一視して得られる単位系を MKSCA 単位系とよび，その物理量を，$\hat{Q}$ と表す．つまり，内部電流と外部電流に対して同じ単位を用いる．具体的には，以下のような変換を行い，各量を分類し直す；

$$\hat{S}_C = S_C, \quad \hat{F}_C = F_C$$
$$\hat{S}_A = S_A \cup \alpha S_{A'}, \quad \hat{F}_A = \alpha^{-1} F_{A'} \tag{5.53}$$

この段階で，$\hat{\alpha}=1$ となる．さらに，$\varepsilon_{0,\mathrm{mG}}=1$, $\mu_{0,\mathrm{mG}}=1$ となるように正規化したものが修正ガウス単位系[28]であるが，$\alpha_{\mathrm{mG}} = \hat{\alpha} = 1$ であることから，光速による拘束が $c_0 = \gamma_{\mathrm{mG}}$ となる．すなわち，$C = c_0(\mathrm{A\,s})$ である．誘電率，透磁率による正規化によってすべての量が力学的な次元だけで表される；

$$M_{\mathrm{mG}} = \hat{S}_C / \sqrt{\hat{\varepsilon}_0} \cup \sqrt{\hat{\varepsilon}_0} \hat{F}_C \cup \sqrt{\hat{\mu}_0} \hat{S}_A \cup \hat{F}_A / \sqrt{\hat{\mu}_0} \tag{5.54}$$

修正ガウス単位系では，電流は1元化されているが，今度は電荷と電流が別々に定義されているため因子 c_0 が電荷保存則に現れる．これは，ウェーバー・コールラウシュの実験で求められた c_W に相当する．

MKSA 単位系 6元単位系に対して，A, A′, C/s をすべて同一視するように正規化を行うと，4元 MKSA 単位系になる．物理量は2種類に分類される；

$$S_{A,\mathrm{SI}} = \gamma^{-1} S_C \cup \alpha S_{A'} \cup S_A$$
$$F_{A,\mathrm{SI}} = \gamma F_C \cup \alpha^{-1} F_{A'} \tag{5.55}$$

その結果，$\gamma_{\mathrm{SI}} = \alpha_{\mathrm{SI}} = 1$ となる．

esu, emu はさらに，SI からそれぞれ，ε_0, μ_0 による規格化で導出されることはすでに見た（本章 5.2.3）．

表 5.6 に各定数がどのように変換されるかをまとめておく．

表 5.6　6元単位系からの単位系の導出

	α	γ	ε_0	μ_0	元数
SI	1	1	ε_0	μ_0	4
esu	1	1	1	c_0^{-2}	3
emu	1	1	c_0^{-2}	1	3
修正ガウス	1	c_0	1	1	3
ガウス	c_0	1	1	1	3

- 定数を1つ無次元化(今の場合はいずれも1に)するごとに，元数が1つ低下する．光速による拘束条件があるので，3つまでしか無次元化できない．

コラム　ガウス単位系の跳梁跋扈

今の視点で見れば，ガウス単位系の導入は電磁気学の歴史の中で最大の失策だったといえる．それまでの3元単位系の4つの問題点(5.3節)のうちの1つ，esuとemuの統合しか解決していないばかりか，かなり恣意的な弥縫策であった．責められるべきは，発案者のヘルムホルツやヘルツではなく，その後の合理化のための改善(有理化，力によらない電磁量の定義)の成果に背を向けて，古い単位系に固執している人々である．

3元単位系が時代遅れであり，ジョルジによる4元単位系を使うべきであることは，ゾンマーフェルト[30]によって80年以上前に指摘されている．

> The introduction of a fourth electric unit, independent of the mechanical units, is decisive for the fruitfulness of these dimensional considerations. We choose for this the unit of charge Q, which as a matter of convenience we may identify with the coulomb if we wish. In this manner we avoid the "bed of Procrustes" of the cgs-units, in which the electromagnetic quantities are forced to take on the well known unnatural dimensions.

特に3元のガウス単位系は，EとD，BとHをプロクルステスの寝台で力まかせに大きさと次元を揃え，区別のつかないものにしてしまった．この結果，D，Hが軽視されたり，ε_0，μ_0，Z_0が物理定数として正当に扱われないという不幸をもたらしたのである．

現代においても，4元化による回路と電磁気の単位の融合の重要性や歴史的進化を理解せず，ガウス単位系の優位を主張する人が少なからず存在する．例えば，比較的新しい教科書[31]の前文においても

> Although Gaussian units offer distinct theoretical advantages, most undergraduate instructer seem prefer SI, I suppose because they incorporated the familiar household units (volts, amperes, and watts). In this book, therefore, I have used SI units.

などと，多数派による強制を示唆することで，逆にガウス単位系への回帰を勧めている．この点についても，すでにゾンマーフェルト[30]が時代遅れだと断じている．

> We regard the dogma of the scientific superiority of the three purely mechanical units cm, g, sec, which for example is supported in Kohlrausch, Praktisch Physik, is outmoded.

ガウス単位系のあばたをえくぼに見せるために，物理的に誤った主張がされることが多い[32]．

> Using the mks system, as it is presently constituted, for electromagnetic theory is akin to using a meterstick to measure along an East-West line and a yardstick to measure along a North-South line. To measure E and B in different units is completely antithetical to the entire notion of relativistic invariance. Accordingly we will make use of cgs (gaussian) system of units exclusively.

すでに述べたように，ガウス単位系は相対論をめざしてつくられたものではないので，このようなコメントは的外れである．E, B（そして，D, H）が同じ次元をもつのはガウス単位系の短所ですらある．相対論的不変性をいうのであれば，時間 t と空間 x はそのままにしていることと矛盾している（この著者はガウス単位系といいながら，実は，J/c_0 を電流密度とする修正ガウス単位系を断りなく使っており，さらなる混乱を招いている）．

困ったことに，21世紀に入っても，ガウス単位系の教科書が出版されている[33]．

> The use of SI units beclouds the obvious connections between the

E and D fields, and the B and H fields, as well as precluding a simple relativistic unification of the E and B fields. [...] I should also mention the introduction (in SI units) of two misnamed constants (ε_0 and μ_0) that have no physical meaning and serve only to complicate EM for beginning students as well as working physicists.

先の間違った主張を繰り返すなど，歴史的経緯や学術的成果を全く無視している．

誤った記述をいちいちあげつらうのが目的ではないが，こういった記述を継承する我が国の教科書も少なからず存在し，教育上悪影響を及ぼしていることは間違いないので，あえて取り上げた．これらの教科書においては以下のような誤った主張がされているので注意が必要である．例えば，H, D は補助場である；$\mu_0 = 4\pi \times 10^{-7}$（しばしば単位なしで）は単なる係数であり，物理量ではない；マクスウェル方程式に c_0 が現れるガウス単位系は相対論的で優れている；真空が誘電率をもっているのは物理的ではない；などである（ガウス単位系でも SI でも，真空の誘電率はゼロではなく，分極率はゼロなのであるが，勘違いがあるようである）．こういった記述のあるテキストは，過去の混乱を繰り返し再生産するものであり，電磁気学の正しい理解の障害となるので，避けられるべきである．

コラム｜EH 対応と EB 対応——D, H は補助場ではない

電磁気学の有名な論争に EH 対応か EB 対応かをめぐるものがある．EH 対応は，永久磁石の極の部分に磁荷があると仮定することで，電気と磁気の議論を対称的に進めようとする流儀である．電気力 $F_e = qE$ に対応するものとして，磁気力を $F_m = gH$（磁荷 g の単位は Wb）と書くことになり，力場が E と H になる．磁気モーメントとその体積密度である磁化も EB 対応では $m = I\Delta S \overset{\text{SI}}{\sim} \text{A m}^2$, $M = Nm \overset{\text{SI}}{\sim} \text{A/m}$（Sommerfeld 流）であるのに対して，EH 対応では，$d_m = g\Delta l \overset{\text{SI}}{\sim} \text{Wb m}$, $P_m = Nd_m \overset{\text{SI}}{\sim} \text{Wb/m}^2$（Kennelly 流）となる．$N$ は体積密度である．EH 対応では，磁気に関する構成方程式は $B = \mu_0 H + P_m$ と書かれる．

コラム　EH 対応と EB 対応——D, H は補助場ではない

原子レベルでの磁気的な力は磁極ではなく，ミクロな電流ループの相互作用と捉えるのが正しい描像である．当然のことながら，最近では EB 対応が多数派を占めるようになってきた．しかし，並行してちょっと困ったことが起きている．E, B を大切に扱うあまり，D, H を排除しようとする傾向である．D や H は補助的な場であり，特に真空中においては意味のない量なので使用するべきでないという主張である．たとえば，磁場について，「真空中では，透磁率 μ_0 は定数で，磁束密度 B と磁場の強さ H は比例しているので，2 つの場の量があるのは無駄である．B はベクトルポテンシャル A の空間微分という点で，より基本的であるので，H は補助的な場の量であると見なすべきである」などと，やみくもに変数を消去する拙速さは残念である．

D, H を補助場とする考えが蔓延する理由の 1 つとして，ガウス単位系の影響が挙げられる．ガウス単位系では E と D，B と H はそれぞれ同じ次元をもつ量であり，特に真空中では値も等しくなってしまう．そのため，D, H の意味が必ずしもよく理解されず，分からないものはあまり使わないでおこうということになる．

EB か EH かの選択は，二者択一にあるのではなく，B, H のどちらを磁極に対する力場と考えるかということにあるのである．

6
単位系余話

6.1 測定の先端研究

6.1.1 光コム

原子時計ではマイクロ波の周波数の計数器(カウンタ)が用いられているが,この計数器を物差しにして光の振動数を精度よく計数するのが光コムである.この業績でホール(J. L. Hall)とヘンシュ(T. W. Hänsch)が2005年度のノーベル賞を受賞している.

レーザー共振器のモード同期作動時には,1つのパルスが共振器内を移動し,共振器の出口に達するたびにその一部がパルスとして外部に取り出される.光コムではこのようにしてパルス時間幅約100 fs,繰り返し時間約10 nsの光パルスを発生させる.このパルス時系列のフーリエ変換を行ったスペクトルは振動数 $f_n = n f_{\rm rep} + f_{\rm ceo}$ (n : 整数)にピークをもつ櫛(くし,comb)の歯が並ぶものになる.ここで $1/f_{\rm rep}$ はパルス繰り返しの周期であり,f はレーザー光の振動数だから n は大きな整数である.

また $f_{\rm ceo}$ ($= f_0$)はパルスの包絡線と搬送波の進行速度が違うためにパルスごとに両者のあいだの位相が異なってくることに由来する振動であり,ラジオ波周波数程度のものになる.これを定量化するには工夫が必要である.

パルスの繰り返し周期 $f_{\rm rep}$ は数百MHzであり,周波数カウンタで正確に測定することができる.特に周波数カウンタのタイムベースに原子時計を用いると周波数を確定することができる.

周波数を測定しようとする光源1と光コムの「光のものさし」とを合わせてビート(うなり)を生じさせることで,周波数が $f_1 = n_1 f_{\rm rep} + f_{\rm ceo} + f_{\rm beat, 1}$ の

ように n_1 と $f_{\text{beat},1}$ で測定される．また 2 つめの光源 2 についても，$n_2, f_{\text{beat},2}$ を測定すれば，周波数差は $f_2 - f_1 = (n_2 - n_1)f_{\text{rep}}$ のように f_{ceo} に依存せず，正確に定めることができる．

f_{ceo} の決定はつぎのようなアイデアにもとづいて行われる．コムの帯域が十分広く，1 オクターブを超えており，スペクトルの下端の周波数の 2 倍より上端の周波数が大きい場合である(このような広帯域のコムはフォトニック結晶ファイバーによる周波数変換を用いて実現される)．非線形光学効果によって発生されるコムの倍波 $2f_n = 2nf_{\text{rep}} + 2f_{\text{ceo}}$ をつくると，基本波 $f_{n'} = n'f_{\text{rep}} + f_{\text{ceo}}$ とのビート $\Delta f = 2f_n - f_{n'} = (2n - n')f_{\text{rep}} + f_{\text{ceo}}$ をとることができる．もっとも低い周波数は $\Delta f_{\min} = f_{\text{ceo}}$ であるので，これを正確に測れば f_{ceo} を定めることができる．このように校正された光コムは，光の振動数をマイクロ波原子時計で決まる f_{rep} や f_{ceo} の測定の正確さで決めることが可能になるのである．

将来，光時計が標準となった場合には，光コムを逆向きに使って，マイクロ波やラジオ波の周波数を正確に定めることになる．

6.1.2 光格子時計と重力による振動数シフト

光コムを用いた光時計の精度向上で必要になるのは原子運動の抑制であり，さらにそれを克服した先に見えてくる量子揺らぎへの対処である．光の定在波の電場とストロンチウム原子 ^{87}Sr の電気双極子との作用で，多数の Sr 原子を格子状にトラップして「運動」を抑制することができる．この光格子上の約 10^6 個もの多数の原子を同時に観測できるために，短い時間で量子揺らぎを統計的に克服できる．こうして，1 個の原子での 15 桁の精度をさらに $1/\sqrt{10^6} = 10^{-3}$ も向上させた 10^{-18} の精度を，香取秀俊のグループは達成している．

10^{-15} を超える精度になると，高低差をともなう離れた地点に置かれた時計の同期化には一般相対論の重力効果の補正が必要になる．地表の重力加速度を g，高低差 H とすると，この効果での周波数シフトは，

$$\Delta \nu / \nu = gH/c^2 \sim 1.1 \times 10^{-16} H/\text{m}$$

である．香取らは光格子時計を用いて，本郷(東大)と小金井(NICT)の 56 m

の高低差によるこの効果の実測に成功している.原子振動のこの効果による
シフトを離れた場所で検出するためには時計の同期化が必要であり,光ファイ
バー網や人工衛星を用いた同期化が世界のいくつかの地点に広がっている.光
格子時計でのこうした同期化も安定的にひろがっており,将来的には時間基
準の方式になる可能性が認定されている.^{87}Sr の周波数は,2006 年には秒の
2 次表現として認められ,現時点での勧告値は $f_{^{87}Sr}=429\,228\,004\,229\,873.0$ Hz
(不確かさ 4×10^{-16}) である.

6.1.3　$Mc^2 = h\nu$ 振動数の直接測定

振動数を測ってプランク定数をかけると質量が決まるというのが新 SI のな
がれである.この振動数とは $\nu_M = Mc^2/h$ のことであるが,原子や素粒子の
静止質量に対するこの振動数はガンマ線領域であり,それを精度よく直接に測
ることはできない.直接カウントできるのは $10^6 \sim 10^{10}$ Hz の領域であり,光
コムの領域でも,$\nu_M = 3\times 10^{25}$ Hz (Cs 原子の ν_M) とは桁違いである.第 3 章
に記したリドベルグ定数を用いた測定では,高い振動数と低い振動数を結びつ
ける理論的関係が用いられている.

ν_M の直接測定でも,ν_M の高振動数そのものでなく,ν_M からのわずかな
ズレを伴う振動との低振動数のビートを測ることでこれを実行している[34].
ラムゼイ・ボーデ原子干渉法をつぎのように使う.まず静止した原子を 2 状
態の重なった状態にして,つぎに外部からの光子の照射で運動量を与えて片方
の状態を運動させる.その後,さらに光子の照射で元の静止状態に戻す.加え
た運動量で獲得される速度は原子の質量に依存する.この過程で運動を経験し
た状態と静止したままの状態の 2 つの状態で経過した固有時間に差が生ずる.
相対論のいわゆる「双子のパラドックス」効果である.この効果によって生じ
た 2 状態のあいだのビートの振動数を測ることにより,原子の質量が推定で
きるのである.

6.1.4　メタマテリアルと電磁気学の拡張

従来,光をはじめとする電磁波に対する媒質は自然に存在する原子や分子を
利用してつくられてきた.そのために,高い周波数に対する磁性媒質がつくれ

ないなど，媒質の多様性に関するさまざまな制約が存在した．これらの制約を取り除く手法としてメタマテリアルが提案されているのである．

メタマテリアルとは棒状やコイル状の金属や誘電体でできた構造体(メタ原子)を空間に分散させたものである．電磁波の波長が構造体のサイズや配置の間隔に比べて十分大きい場合，その集合体は連続媒質と見なすことができる．メタ原子間に作用があればバンド構造も現れる．このように，メタ原子の設計の自由度を利用することで，新しいタイプの媒質を合成することが可能となっている．また，低い周波数の電波から，マイクロ波，テラヘルツ波，可視光にいたるまでの広い周波数範囲において同じ考え方で媒質設計ができるようになっている．また電磁波以外の波動(音波や超音波など)への応用も可能である．

原子・分子の媒質に比べて，メタマテリアルの最も顕著な有効性は従来誘電率のみの制御でなされていた光学や高周波技術に透磁率の制御という新たな自由度を導入できることにある．ペンドリーは分割リング共振器(SRR: split-ring resonator)という構造体の集合を用いると，マイクロ波のような高い周波数の電磁波に対して比透磁率を真空の値である1から大きく変化させうることを示した．また，金属の棒や網目構造により比誘電率も操作可能であることを示している．

特に興味深い応用として，比誘電率，比透磁率を同時に負とすることによって，負屈折媒質が実現できるとするベセラゴの提案があった．そしてこの負屈折現象はスミスらによってその後実験的に確かめられている．

構造の異なる複数の種類のメタ原子を混合することで，動作帯域を広げたり，複数の媒質定数を自由に設定できることもメタマテリアルの特徴である．一般に，誘電率を変化させると，屈折率と同時に(波動)インピーダンスも必ず変化してしまう．しかし，誘電率と透磁率を両方変化させることができれば，屈折率とインピーダンスを独立に変化させることができるようになる．媒質のインピーダンスは波の反射を支配する重要な量であり，この制御が可能になることのメリットは大きい．また，大きな異方性，電場・磁場の結合，能動性，非相反性など，従来の方法では困難とされてきた媒質をも実現できる可能性がひらかれている．さらに応用分野では，回折限界を超える完全レンズ，磁気ブルースタ現象，透明マントなど，新奇な素子がつぎつぎと実現されている．

こうしたメタマテリアルの研究開発の進展は，電磁気学の見方にも影響してくると考えられる．真空や原子物質という自然的媒質だけでなく，透磁率の制御が可能になったように，メタ原子の配列によって人工的に媒質が設計できるようになるのである．そしてこうした「設計」には電気と磁気のあいだに存在するさまざまな一般原理，相補性，双対性，双反性，バビネ定理などが役割を果たすであろう．こうして「人工構造媒質の電磁気学」の様相が強まってくると，その特殊な形態である「真空」という媒質の物理的性格があぶり出されてくることになる．ε_0とμ_0の物理量としての意味も浮き立ってくるといえる．

6.1.5 SI 単位と生物・生理的効果

新 SI で時間，長さ，エネルギーなどの定義が基本物理定数による定義で完成すると，光度の cd のような人間の視覚を基礎にした単位が異質に見えてくる．これは合理的・普遍的・安定的な単位系の制定・普及という SI の目標に関わってくるものである．現行の SI では照度に関する candela, lumen, lux と放射線に関する線量当量 Sv の 4 つが生物・生理に関係した定義になっている（放射性核種の放射能 Bq，吸収線量 Gy は生物的効果ではない）．SI の文書にはこの他にも付録的に聴覚，音響，超音波，光化学などについて触れられている．

光や音の物理的強度の波長スペクトル E_λ によるある生物・生理的な効果 A はスクリーン s_A のかかった

$$E_A = \int E_\lambda s_A(\lambda) d\lambda, \quad \int s_A(\lambda) d\lambda = 1 \tag{6.1}$$

で計算される E_A に比例する．しかし，身体の多様さを反映して $s_A(\lambda)$ の標準化はむずかしい．

その一方，生物・医療での物理的計測器の利用は急拡大しており，生物・生理的効果を表す単位の課題は社会的に重要性が増している．SI が担ったようなグローバルな社会インフラはこの分野でも不可欠になっている．ただ当面は SI が一部関与するとしても，将来的には新たなシステムができるかもしれない．たとえば，医療の診断・加療で使われる物質の効果を定量化する課題も社会的に重要であり，現在は国際保健機関（WHO: World Health Organization）

がそれに取り組んでいる．したがって，こうした分野の単位系の標準化については，WHO-SI のようなかたちで新たに取り組まれる可能性がある．いずれにせよ，社会的に需要がある大事な分野であり，「物理学的な高度化が不可能」として切り捨てれば SI 自体の存在感が社会的に薄れて，SI の物理的コアの普及にも影響するであろう．

6.1.6 物理定数は時間的に一定か？

物理定数が時間的に変化しないのかという疑問をディラック，ヨルダン(Pascual Jordan)，ディッケ(Robert H. Dicke)たちが提起している．この課題には理論的動機と実験・観測事実による制限の2つの側面がある．後者ではつぎのような事象から変化の上限が抑えられている．重力定数 G で構造が決まる天体のような存在では天体の構造自体が変動するものであるから制限はつけにくい．ここではそれ以外の電磁気と核現象の物理量が関与する下記の現象による制限を見る[35]．

1　原子時計の経年比較
2　Oklo 自然核分裂現象
3　隕石年代測定
4　クエーサー吸収スペクトル
5　恒星元素組成
6　21 cm 背景放射
7　宇宙背景放射 CMB
8　ビッグバン元素合成

1 は実験室実験だから「経年」は数年と限られるが測定精度がよく，それ以外では百数十億年前までの事象がみられるが測定精度は粗くなる．1 の原子時計では Cs と Rb, H, Hg などの遷移周波数を比較するもので，$\alpha_{\rm EM}$, $g_{\rm i}$（核磁気係数），$m_{\rm e}/m_{\rm P}$ についての変動（例えば $d\ln\alpha_{\rm EM}/dt$）の上限が $10^{-15}\sim 10^{-16}$/年のように抑えられる．上記の 2, 3, 5, 8 では過去の共鳴核反応や崩壊時間に変動があったら現状が説明できなくなることで制限がつく．2 での共鳴反応のエネルギーには 10^{-7}/年，5, 8 では重水素や ^{8}Be の結合エネルギーには 10^{-2}/年の制限がつく．4 は遠方の($\sim 10^9$ 光年)のクエーサーからの連続光が

地球に達するまでに視線上にある銀河団や銀河間雲の物質によって生ずる多くの吸収線の情報を使うもので，$\alpha_{\rm EM}$ の変動に 10^{-5}/年の上限がつく．6, 7 はビッグバン宇宙の水素脱結合過程に関わるもので，CMB の強度揺らぎ相関関数や 21 cm 電波背景放射の観測が情報を提供する．6 には水素原子の許容遷移，微細準位，2 光子遷移などでの素電荷依存性が違うので制限がつき，7 では超微細遷移の変動に制限がつく．

6.2　SI の普及とその影響

6.2.1　単位をもつ量の表記：括弧の乱用に注意

SI は単位をもつ量の表記のガイドラインを与えているが，より詳しい記号や表記法の勧告が IUPAP の Red Book (SUNAMCO) と IUPAC の Green Book に示されている(ネット上で pdf 入手可)．その一端は第 2 章 2.2.5 に記した．

日本の科学技術分野のテキストや論文，教科書や試験問題でよく行われている単位記号を括弧 "[ ]" で囲むのは不適切である(海外では少ない)．例えば，
- 地球の平均半径は $R_{\rm E} = 6378.1$ [km] である．
- 地球の平均半径を $R_{\rm E}$ [m] とする．

という記述である．前者の問題点は，(物理量) = (数値) × (単位) ではなく，$R_{\rm E}$ は単に数値を表すという印象を与える．"[ ]" はこうした曖昧さを与えるので外したほうがいい．後者の問題も同じく，$R_{\rm E}$ が m で表した数値である印象を与えることである．実際にその意味で使っている場合も見うけるが，すると，$R_{\rm E} = 6378.1$ km は誤った式になる．単に参考のために単位を示すのなら，「$R_{\rm E}$ (単位は m)」(本書では $R_{\rm E} \stackrel{\rm SI}{\sim} {\rm m}$ という表記を用いている)．SI を前提にすれば，物理量の種類が決まれば単位は自動的に決まるので，このような注記が必要な場面は限られている．

物理量 X の単位部分を $[X]$ で表すことは，マクスウェルの教科書[11]の冒頭で導入されている方法である．

> In treating of the dimensions of units we shall call the unit of length $[L]$. If l is the numerical value of a length, it is understood to be

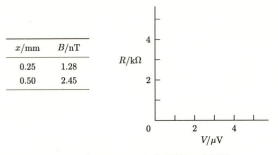

図 6.1 表やグラフにおける単位の表記例.

expressed in terms of concrete unit [L], so that the actual length would be fully expressed by l[L].

今の場合に適用すれば，$[R_E] = $m であり，「$R_E$ の単位はメートル」を意味する．単位を括弧で囲んだ [m] は m に等しく，意味のない記法である．

「単位は何でも括弧で囲んでおけば安全」と思うのは危険である．数値が必要な場合は，$R_E/$m $= \{R_E\}$, $R_E/$km などを使えばよい．図6.1のように，表やグラフのラベルに使うことができる．

6.2.2 数式と量式

数学に出てくる式，たとえば，

$$y = x^2 + 2x - 1 \tag{6.2}$$

の変数 x は数，すなわち無次元量を表している．x を次元をもった量だとすると，次元の異なった量を足すことになり意味がないからである．物理学の方程式は量に関する式(量式)であり，量式の各項の次元は同じでなければならない．先の式で $x \overset{\text{SI}}{\sim}$m なら，

$$y = x^2 + (2\,\text{m})x - 1\,\text{m}^2 \tag{6.3}$$

あるいは，数値部分 $\{x\}$ だけを取り出した，

$$\{y\} = \{x\}^2 + 2\{x\} - 1 \tag{6.4}$$

などの書き方が考えられる．式(6.4)は長さの単位がメートルであることが前

提である．式(6.3)は例えば $x=20\,\text{inch}$ のような任意の長さの単位に関して有効であるが，式(6.4)の $\{x\}$ に20を代入しても無効である．数値だけの式は一見単純でいいように見えるが，ある1つの量は必ず決まった単位で表さねばならず，実際的でない．接頭語も使用できず，また次元による式の正しさのチェックもできなくなる．

量式では非斉次関数の引数とその結果は無次元量でなければならない．たとえば，

$$V = V_0 \sin 2\pi \frac{t}{T} \tag{6.5}$$

のようである．具体の量，たとえば $V_0=10\,\text{mV}, T=0.2\,\text{s}$ を代入すると，

$$V = (10\,\text{mV}) \times \sin 2\pi \frac{t}{0.2\,\text{s}} \quad (\text{量式}) \tag{6.6}$$

$$\{V\} = 10^{-2} \sin(10\pi\{t\}) \quad (\text{数式}) \tag{6.7}$$

などとなるが，前者が望ましいことはいうまでもない．式(6.7)については $V=10^{-2}\sin(10\pi t)$ などと書くべきではない．

式(6.6)にさらに $t=20\,\text{ms}$ を代入して

$$V = (10\,\text{mV}) \times \sin 2\pi \frac{20\,\text{ms}}{0.2\,\text{s}} = 10\,\text{mV} \times \sin 0.2\pi \tag{6.8}$$

などと，単位を尊重した計算の進め方は量の計算(quantity calculus)と呼ばれるが，計算誤りを防ぐよい手法である．

P が量(例えばパワー)の場合，$\log P$ は正しくなく，基準となる量 P_0 で正規化の後，対数をとって $\log P/P_0$ とする必要がある．

量式に課せられる一般的制約はバッキンガムの π 定理にまとめられている[36]．

物理量を扱う上では，量式を用いるのがよい．積分や微分の記号も次元を尊重している：

$$q = \int_{-\infty}^{\infty} i(t)\,\mathrm{d}t \overset{\text{SI}}{\sim} \text{C} = \text{A\,s}, \quad F = m\frac{\mathrm{d}^2 x(t)}{\mathrm{d}t^2} \overset{\text{SI}}{\sim} \text{kg\,m\,s}^{-2} \tag{6.9}$$

ライプニッツによるものであるが，大切にしたい記法である．

6.2.3 単位系という制度：公正・安定・簡便

本書を手にされた方は物理学の側から単位系に関心をもたれたものと思う．その一方，第2章に記したようにSIという制度は計量法などを通して工業製品の製造，商取引などの社会的事象の規制にも深く関わっており，自然科学と社会技術の両面にわたるものである．歴史的には商取引や徴税などでの不公正をなくすための基準づくりにはじまる．そして人間の恣意を排除するために公正の基準が物質界の存在に求められたのである．この公正さの基準づくりの流れが，第3章で述べたような物理学と連動した「単位系を定義する現象」の実現，すなわち，現示(realization)を改善する高度な測定技術につらなっている．すなわち，社会的公正を保つのに物理学が貢献しているともいえる．

物理学の進展とも連動して不断に進められているこうした努力がSIの普及の源泉となっている．一度決めた規則を固守するだけでは，進展する科学や技術のなかで陳腐化して存在感を失うであろう．しかしその一方，広範に普及する社会技術の機能としては改変の少ない安定性も求められ，また使用の便利さの観点からは簡便性も必要である．このためには高度化による改変が関係しない領域にまで影響を及ぼさない仕組みも必要である．SIでは改変は有効数字を増やす先端の部分でなされており，その精度を要求しない計量の領域にはその影響は及ばない．

社会技術としてのSIの単位システムの特徴は「1量1単位」「現示の一本化」「基本単位と組み立て単位の系統的分類」「名称を定義する組み立て単位の一貫性」「十進法と接頭語」などであるが，これらは簡便性と合理性を保つ工夫である．たとえば1881年の第1回国際電気会議の時点で，少なくとも12の起電力の単位，10の電流の単位，15の抵抗の単位が存在したという．みな「マイ単位」で実験や製造をするとこういう事態になる．多様な単位が併存すると相互の換算に煩わされるが，「一貫性(coherent)」のある単位だけなら換算係数の煩雑さは避けられる．

簡便性には単位の系統的整理は不可欠であり，「1量1単位」にするために多くの「マイ単位」を単位のシステムから追放せねばならなくなる．すなわちSIは多様な単位系の横行を規制する制度にもなっているのである．この規制が抑圧的と受け取られなくする方策(学校教育での取り組みなど)が今後とも必

要なのであろう.

6.2.4 米国での単位系の混乱

米国の工業分野や日常生活では依然としてヤード・ポンド法が広く使われている. 一般の人に関係する商品の包装表示, 交通・気象・防災などの社会インフラなどで広くこの単位が使用されている. このためにその商品や機材を提供する製造部門もこの単位から離れられないのである. この単位は米国ではEnglish unit とか imperial unit と呼ばれているが, 本家の英国では, EU の一員である時期にメートル法への転換が進んだ.

米国はメートル法発足時からの条約加盟国だが, 一般への普及に取り組んだのは 1960 年代末からで, 1970 年代には議会での法案の論議も行われるものの, 世論調査では不人気で, レーガン政権の小さな政府路線のなかで立ち消えになった.「個人の自由を制限されたくない」という素朴な独立精神を脅かすものに位置づけられるようだ.「銃規制反対」などと同趣旨の感情である.

しかし, 複数の単位系の併存は混乱もうむ. 1999 年, NASA の火星探査機が火星を周回する軌道に投入するためにスラスターのエンジンを作動させたが, 製造元(ロッキード・マーチン社)は重量ポンド・秒でつくり, 運用する NASA では SI のニュートン・秒として操作した. このため 4.5 倍の推力が働き軌道投入に失敗した. 発注側(NASA)と製造元(ロッキード)でエンジンの推力計算において, 重量ポンド(lbf)とニュートン(N)のいずれがデファクトスタンダードかを取り違えたために起こった事故である. ヤードやポンドをそれぞれ m や g に換算するのは単純だが, 圧力の pound-force per square inch (psi) や燃費の miles per gallon (MPG) などとなるとお手上げである.

この 1999 年の事故の背景には「冷戦崩壊」後の軍事・宇宙業界の構造改革もあったとされている. 戦後長いあいだこの業界は完全な官営の閉じた世界であり発注元(軍や NASA)も製造元(ロッキードなど)も単位は同じヤード・ポンド法であったという. ところが, この冷戦崩壊の 1990 年代の初め, NASA では高価なミルスペック(米国防総省の物資調達規格)から低コスト化がすすみ, チェック体制も簡略化され, また ISS(国際宇宙ステーション)などの国際化路線が強化されて, メートル法に変えた. この転換期の認識が製造元の現場

にはなかったのであろう.

現在でも,米国で勃興した情報機器の世界では非 SI の規格が全世界を制している.テレビやパソコンの部品も,インチを元につくられたものが多い.たとえばハードディスクやネジ類,IC のパッケージや端子間隔などもそうである.

6.2.5 電磁気学の古典的教科書の単位系改定
――ジャクソンとパーセルの密約

有名なパーセルの電磁気の教科書の第 3 版が最近出版された.驚いたことに単位系がすべて SI に改められている[37].初版は,1960 年代に,バークレー物理学教程の中の 1 冊として刊行されたもので,ジャクソンの教科書[28]と双璧をなす重厚な名著である.いずれも当初は CGS ガウス単位系で書かれたが,それは時代的,地理的な背景を考えると自然なことであった.その後,SI が普及するにつれ,居心地が悪くなった 2 人の著者が,ガウス単位系を使い続けようという盟約を交わしたのは有名な話である([28]まえがき).しかし,パーセルが亡くなった後,ジャクソンは自らの教科書の前半を SI 化してしまった.なぜか,後半はガウス単位系のままである.各ページのヘッダー部分に SI, G の印をつけることで,使用単位を区別している.

もう一方の,著者を失ったパーセルの教科書を SI 化したのは,共著者として新たに加わったモリンという人である.まえがきによれば,SI 化しないと絶版のまま埋もれてしまうという危機感から改定が行われたとのことである.2 人の盟約は結果的に破棄されてしまったのである.SI に向かう時代の流れを,悪貨が良貨を駆逐する好例のように喧伝するむきもあるが,それは全くの誤りである.CGS 電磁単位系と CGS 静電単位系を無理矢理融合させてつくられたガウス単位系は過渡的なものであり,今になって,電磁気学の誕生以来の臍帯がようやく脱落しようとしているというのが正しい見方である.残る課題はジャクソンの後半の SI 化である.

6.2.6 新 kg 制定の効果

新 SI で質量の基準が原器から物理定数に変わるので,従来のように原器や

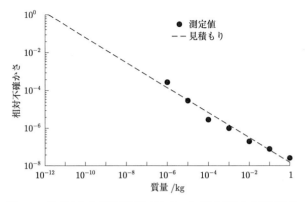

図 6.2 測定される質量（横軸）が小さいと相対不確かさ（縦軸）が図のように増加する．例えば，mg の測定では kg の測定に比べて不確かさが 2500 倍も大きくなる[38]．

そのコピーを所有していなくとも，どこにでもある自然現象を基準にして計量機器などの校正を行うことができるようになる．しかし，このためには，原器配布の体制よりは高度な技術が要求される．特に，キログラム原器に代わるワットバランス法や X 線結晶密度法の技術は破格に高度なもので，この技術で直接にキログラムの現示をできる機関は世界でも限られてくるであろう．このために，多くの計量機器校正の現場では，高度な技術をもつパリの本部や各国の中央機関で標準の分銅を製作して配布する，標準分銅配布システムになると予想される．数少ない原器の発想から転換して，数多くの参照標準群（ensemble）を製作して，統計的に管理することも考えられる．

これまでの原器は 1 kg というマクロな単位で定義されていたため，この原器から桁違いに小さい分銅をつくる際には図 6.2 のように不確かさが増加する．これまでは実用上最小の分銅は 1 mg であり，これで測定できる限界は 0.1 μg であった．しかし新 SI の h で定義されるワットバランス法のような電気的測定では直接に数 ng や数 pg の計量も可能になる．ちなみにインクジェットの粒子は約 1 ng であるが，こうした微小質量の直接測定はナノテクに貢献するであろう．さらに少量で貴重な薬品や毒物などの開発や制御にも新たな手法を提供するであろう．

6.3 生活の中の計測単位

6.3.1 電波時計と時差ボケ

日本では電波時計が家庭にも普及している．おおたかどや山(福島県田村市，40 kHz)とはがね山(佐賀県佐賀市，60 kHz)の標準電波送信所から発信される時間情報を受信して電波時計が校正されている．この標準電波 JJY は協定世界時に基づく日本標準時を配信するサービスで，情報通信研究機構(NICT)が運用している．計時の国家標準には Cs 原子周波数標準器，水素メーザー型や実用 Cs 原子時計群を用い，さらに人工衛星などで国際標準との同期及び諸外国の標準との比較も行っている．NICT の「インターネット時刻供給サービス」HP には，

- 日本標準時 JST
- 協定世界時 UTC
- 国際原子時 TAI
- 地域標準時
- 「コンピュータの内蔵時計」

が秒単位で刻々と表示されている．これらの時間は 1 日のくるいが 10^{-13} 以下の精度に保たれ，JJY では電離層変動の影響を受け 10^{-11} ぐらいに落ちるというが，それでも日常生活には「猫に小判」の超高品質な時間である．航行や測量などの高品質の時間が必要になる特殊な業務用に始まった JJY サービスが現在では家庭にまで入っているのである．確かに社会活動に必要な計時の精度からすればこの精緻化は一見過度に見えるが，この高度な計時インフラが GPS やコンピュータネットワークを下支えしているという意味では「生活」に入っているのである．

原始的に人間の身体に備わった時間の単位は「日」である．地球上の多くの生物は体内に概日リズムという計時機構をもっており，実際の昼夜に位相を同期させて生命を維持している．「時差ボケ」はこの同期のトラブルである．「週」，「月」，「年」も社会生活上重要であるが，特に「年」は季節循環の周期であり，農業などに大事なサイクルである．ところが第 3 章 3.2.1 で見たよ

うに，「年」の時間は「日」の時間では割り切れず端数がでる．そしてこの端数の積算を目立たなくするのが閏(うるう)年(leap year)の仕組みである(西暦年が4で割り切れる場合は2月29日を挿入し，より同期の正確さを期すために，100で割れる場合は見送り，400で割れる場合は実施する)．

1日をさらに細かく分割した計時を可能にしたのが機械式(振り子)や電子式(水晶振動子)の時計であり，1950年ごろからは原子時計が加わった．現在，世界各国に設けられた多数のセシウム原子時計は相互比較，加重平均を行いながら共通の時を刻んでいる．これが国際原子時(TAI)であり，1958年を起点としている．ちなみにGPSの各衛星はTAIを送信している．TAIはSIの秒を積算しているので，一様性において優れているが，地球の自転とのズレが生じてくる．そこでTAIを基本にしつつ，地球の自転による時刻とのズレを補正したのが協定世界時(UTC)である．計時の主役を原子時計に明け渡した天文時の痕跡がここにあり，現在も太陽，恒星，電波星(クエーサーなど)などの測位観測によって地球の自転を継続的に観測しているのである．

計算機の時刻合わせは，NTP (Network Time Protocol)で行われている．分散的に配置されたサーバ間でネットワークの遅延を評価しながら同期がとられており，各クライアントは最寄りのサーバに時刻の問い合わせを行って，時計をあわせている．

6.3.2 現代の暦管理：閏秒とコンピュータ時間

地球の自転の回転周期は潮汐や季節変動などの種々の要因で揺らいでいる．だから自転を基準にした1秒の時間が一定でなくなる．このために，自転の変動を平均化した時刻(UT2)が用いられている(平均化前の時刻はUT1)．

国際原子時(TAI)から協定世界時(UTC)への補正は以下のように決定された(1972年)．UTCは基本的にはTAIを使うが，地球の自転で決まるUT1との差が0.9秒を越えないように，定期的に必要に応じて閏秒(うるう秒，leap second)を加えたり，引いたりする調整を加えてUTCとする．調整の時期は，基本的には6月30日と12月31日の終わりが想定されている．加える場合は，23:59:59と翌日の00:00:00のあいだに余分の秒を挿入し，差し引く場合は，23:59:58の次を00:00:00にする．

世界で一斉に行われるので,日本時間では翌日の朝の9時前にあたる.挿入の場合,「…, 8:59:59, 8:59:60, 9:00:00, …」のように余分の秒を数えるのである.1973年から2017年のあいだに27回の閏秒の挿入があった.この仕組みは原子時を基本にしつつ,地球の自転との同期を保つためのものである.

しかし,計算機の時間管理において,不定期かつ不連続な閏秒への対応は結構難しく,さまざまなトラブルが発生している.閏秒を廃止することが真剣に検討されている.UT1とのずれが蓄積することになるが,当面は目をつぶろうという考えである.しかし,慎重論も強く,しばらくは今のシステムが維持されそうである.

多くのサーバにおいてはUNIX timeが用いられている.UTC 1970年1月1日00:00:00を起点に積算した秒を表す整数で管理されている.データ型として符号付き32ビット整数を使うことになっているが,これはいずれオーバーフローする.2038年問題と呼ばれており,さまざまな影響が懸念されている.

6.3.3 情報量の単位と情報機器

最近,情報通信機器が一般の生活の中に入ってきたことによって,情報量の数値に頻繁に接するようになっている.情報機器ではメモリーの大きさを表すのにビット(bit)あるいはバイト(byte)という単位が使われる.これらは情報量の単位である.SIには規定されておらず,電気通信関係の規約である.

1つの記憶素子が "0" または "1" という2つの状態を取りうるとする.2つの状態に対する確率が等しい場合,つまり $p(0) = p(1) = 1/2$ の場合,平均情報量は $I = -\sum_{i \in \{0,1\}} p(i) \log_2 p(i) = 1$ と計算されるので,これを 1 bit あるいは 1 b と呼ぶのである.バイトは 8 bit のことで,byte あるいは B と表される.

実際の記憶装置の容量や通信速度(時間あたりの情報量)はかなり大きいので補助単位を用いる必要がある.$2^{10} = 1024 \sim 10^3$ であることを利用して,$1\,\mathrm{kB} \sim 2^{10}\,\mathrm{B}$,$1\,\mathrm{MB} \sim 2^{20}\,\mathrm{B}$ のような表示が使われている.k (キロ), M (メガ), G (ギガ), T (テラ) といった接頭語はSIと同じものであり,生活の中でよく接する言葉になっている.

表 6.1　情報量の表示で使用される補助単位の接頭語

名称	記号	倍数
キビ(kibi)	Ki	$2^{10} = 1\,024$
メビ(mebi)	Mi	$2^{20} = 1\,048\,576$
ギビ(gibi)	Gi	$2^{30} = 1\,073\,741\,824$
テビ(tebi)	Ti	$2^{40} = 1\,099\,511\,627\,776$
ペビ(pebi)	Pi	$2^{50} = 1\,125\,899\,906\,842\,624$
エクスビ(exbi)	Ei	$2^{60} = 1\,152\,921\,504\,606\,846\,976$
ゼビ(zebi)	Zi	$2^{70} = 1\,180\,591\,620\,717\,411\,303\,424$
ヨビ(yobi)	Yi	$2^{80} = 1\,208\,925\,819\,614\,629\,174\,706\,176$

しかし，$2^{10} = 1024 \sim 10^3$ は正確さという点で問題があるので，二進数用の補助単位(表 6.1)が考えられている(ISO/ICE)．

k と Ki の違いは 2.4% にすぎないが，Y (yotta) と Yi (yobi) は 20% 以上異なっている．二進数補助単位は意味のある対応であるが，現時点ではそれほど普及していない．

6.3.4　消費電力と照度：LED とカンデラ(燭光)

LED 電球が店頭に並び始めた一時期，商品の機能表示に混乱があった．消費者の明るさの感覚は白熱電球で記憶されている．そこで「60 W 相当」とか「真下の明るさは 60 ワット相当」といった表示をした．まもなく日本電球工業会(現・日本照明工業会)が「光の量，全光束の単位である"ルーメン(lm)"で表示する」と決めた．

すなわち，従来の W 表示は光量ではなく，消費電力を表示していたのである．省エネの期待のかかる LED はより少ない電力で同じ光量を発生するのである．白熱電球の発光効率は約 15 lm/W であるが，白色 LED は現在でも 160 lm/W はあり，約 10 倍効率がよい．だから「60 W 相当」光量の LED の消費電力は「約 6 W」となる．蛍光灯には 100 lm/W の高効率のものもある．

SI での定義値である $K_{\text{cd}} = 683$ lm/W は電力すべてが光量に変換したときの効率である．LED の発光効率は 2008 年の頃は 100 lm/W であり，2020 年までに 200 lm/W を目指しているという．ここまでいってもまだ $(683 - 200)/683 = 0.707\cdots$ だから，約 7 割は熱に奪われていることになる．

6.3.5 血圧と大気圧

健康に関して頻繁に交わされる数値に「最高 130, 最低 100」といった血圧の値がある. よく単位抜きで言われているが, この数値は圧力の単位である mmHg で表したものである. 生活の中でよく耳にするもう 1 つの圧力の数値に大気圧がある. 天気予報でよく耳にする大気の圧力は「990 ヘクトパスカルの低気圧」のように SI の単位で表される. このために血圧と大気圧の関係がすぐには判然としない.

現在では環境への配慮から用いられることはないが, トリチェリの時代から気体の圧力は水銀を用いて測られてきた. X mmHg とは水銀 (Hg) の柱を X mm の高さにまで押し上げる圧力の意味であり, 760 mmHg の圧力が標準大気圧と定義されていた. 水銀の比重は 13.6 であるので, 標準大気圧は水を 760 mm × 13.6 〜 10.4 m も押し上げる.

現在の標準大気圧の定義は 1 atm = 101 325 Pa = 1013.25 hPa であり, 水銀の密度や重力加速度の影響を受けないものになっている. これによって, 1 mmHg = 101 325 Pa/760 = 133.322 Pa と再定義されたことになる. トリチェリにちなんだ Torr (トル) は mmHg の別名である. 一方, CGS 単位系において 10^6 dyn/cm^2 が大気圧に近いことから, これを 1 b (bar, バール) と呼んでいた.

ところで,「血圧 100」とは, 100 mmHg = 133.322 hPa であり, 標準大気圧の 100/760 だから, 水柱を約 1.38 m 押し上げる圧力である.

日本の気象庁は明治はじめから mmHg を使用してきたが, 第 2 次世界大戦後に国際通報式の mb (ミリバール) に変更し, その後, SI の施行に合わせて hPa (ヘクトパスカル) に変更した. 1 b = 10^6 dyn/cm^2 = 10^5 Pa と定義されていることから, 1 mb = 1 hPa であり, 数値としては同じものである.

6.3.6 気象, 地震

気象庁が発する天気予報や地震情報は生活の中で頻繁に接する自然計測の数字である. 日本では温度, 気圧, 風速の単位は各々 ℃, hPa, m/s であり, 完全に SI の単位に統一されている. しかし, 米国では °F (華氏), inHg (inch での水銀柱の高さ), mph (mile per hour) と完全に非 SI の米国方式である.

ネット上のサービスでは単位を選択できる場合もあるが,テレビとかでは圧倒的に米国方式が多いから旅行の際は要注意である.ちなみに,1 atm = 29.921 inHg = 1013.25 hPa = 1013.25 mb, 1 mph = 0.44704 m/s である.

また,日本では「震度」と「マグニチュード」という地震情報によく接する.震度はある地域での「ゆれの大きさ」を表すものであり,マグニチュードは地震そのもののエネルギーでみた規模を表す.だからマグニチュードが同じでも,震源が近ければ,震度は大きくなる.実際に測定されるのは揺れの振幅・加速度・継続時間・発生地点までの距離などであり,マグニチュードは各地でのこれらの測定値から計算されるもので,いくつかのマグニチュードの定義がある.地震の規模を表すマグニチュード M は地震波として出されたエネルギーを E として,

$$\log(E/\mathrm{J}) = 4.8 + 1.5M \qquad (6.10)$$

の関係にある.M が2大きいと,E は1000倍である.

6.3.7 生活空間の視環境

SIの7つの基本単位の1つに定義されている明るさの定量的表現は,照明器具や展示の業界を除けば,一般にはあまり親しまれていない.昼間と夜間の明るさの差を定量的に語ることも少ない.図6.3は主に野外の生活空間の視環境を lx(ルクス)単位で示したものである.

野外の視環境は昼間と夜間で 10^8 もの変動がある.そしてこの変動を人間の視覚はカバーしているのである.逆に地上の自然でのこの照度の範囲外には適応しない仕様になっている.人間の視覚は測定器にたとえれば 10^8 ものダイナミックレンジをもつ驚異的な装置なのである.網膜の視細胞は,明所においては錐体視細胞,暗所では桿体視細胞という使い分けをしてこの広い照度のレンジをカバーしていることが知られている.

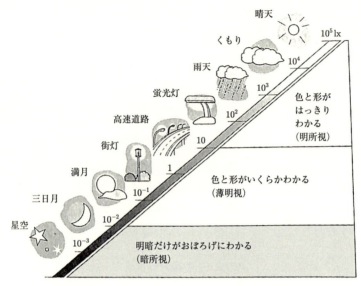

図 6.3　SI の照度の単位 lx でみた生活空間の視環境.

6.4　歴史余話

6.4.1　フランス革命からメートル条約まで

　SI のルーツをたどると 1789 年に勃発したフランス革命に行き着くが，国際条約としてのメートル条約の機構が発足したのは 1875 年であり，100 年近い時差がある．この間にフランスで普及して 100 年後にそれが国際化したのではない．いったん休眠状態にあったものが，科学技術と工業化の国際化の中で復活したのである．

　1789 年 7 月のバスチーユ監獄襲撃直前に復活した三部会でタレーランが度量衡の統一を提起した．当時の英国と比較して基準のない混乱が指摘されていた．まだ権力を維持していたルイ 16 世が議会に提起した議題リストの中にも度量衡があり，1790 年 8 月にアカデミーに具体案を憲法制定議会に提出するよう諮問した．その後 1793 年には革命はテロル政治を迎えるなど混乱するが，この組織は継続して 1795 年には現在のメートル法の基本(メートル原器とキログラム原器の製作，十進法，接頭語など)を定めた．当初，1 m を周期

が1秒になる振り子の長さで定義する案があったが，重力は地域で違うとして採用せず，地球の大きさを基準にした．「赤道と極の 10^{-7}」という数字は振り子との折衷案であろう．

アカデミーのこの委員会には Condorcet, de Borda, Coulomb, Lagrange, Laplace, Lavoisier, Monge, Cassini, Legendre, Méchain, Delambre などが名を連ねる．質量の基準に水を提案した Lavoisier はテロル期には処刑されている[39]．Méchain と Delambre によるダンケルク・バルセロナ間の三角測量は 1792-98 年の歳月を要し，1799 年には最初の原器が製造された[40]．天文学によるこの間の緯度の測定は Cassini の父がすでに行っていた．

しかし原器完成の頃は内外の戦争による混乱の中にあり，ナポレオン登場頃にまだ勢力のあったタレーランが原器の維持等を国家の機構に組み入れたが，国内の度量衡改革は頓挫した．王政復古(1814-30年)，第2帝政(1852-70年)でも放置されたが，普仏戦争での敗北をうけて，共和制が復活した頃の 1875 年にメートル条約が 17 カ国で結ばれた．ロンドン万博(1851, 62年)，パリ万博(1855, 78, 89年)などに見られるような科学技術の深化と国際化がもたらしたものといえる．

6.4.2 ハリソン時計と経度制定：フランスと英国

SI に連なる度量衡の国際的な標準化が始まったのと同じ時期に緯度・経度座標，世界時などの計時システムを定める国際条約が成立している．

1675 年，英国は海運国家として航海術に役立てるためグリニッジに王立天文台を設立した．大洋での目印は星空であり，星座を背景にした月の位置で経度を決められるとされていた．しかし，経度決定を解決したのは天文学でなく，時計技術だった．当時海運の犠牲者は年に 2000 人にものぼり，議会は 1714 年に「英国から西インド諸島の港への航海で 0.5 度角の精度で経度を決める」課題解決者に多額の賞金(現代の価値で 5 億円相当)を出すとした．そして約 60 年後の 1773 年にこれを成し遂げたのは時計職人のハリソン親子であった．西インドへの航海で 2 分以下のくるいしかない時計をつくった．これで例えば時計がグリニッジの時刻を刻み続けておれば，ローカルな時刻(例えば南中時)との差から経度が出せる．2 分は 0.5 度に対応する．

ハリソン時計の成功は天文台には不名誉なことだったが，19世紀にはこれを挽回する．台長のエアリーは行政手腕もあり，天文台の仕事を厳格な管理システムで運営し，規模も次々と拡張した．これで，経度の原点，グリニッジ標準時という世界基準を勝ちとった[41]．グリニッジの上空を定まった星が通過する時刻を正確に決め，それを航行に利用しやすいかたちで定期的に発行したことでその利用者が増えていった．19世紀も50,60年代になると，従来の大航海より細かい精度での離れた場所における時間調整が必要になった．長距離列車の定時運行などのためにはローカル時間の調整が必要であり，電信ビジネスにも時間調整は不可欠となった．

国際的に経度座標，計時システムを条約で定めようとなり，1884年に米国ワシントンに25カ国の代表が集まった．英国とフランスが競ったが，25のうち22が英国案に賛成した．この理由は米国がすでにグリニッジ方式の時間帯を採用していたこと，またグリニッジ観測で絶えず改定される航海の海図は70パーセント以上のシェアがすでにあったからである．1875年のメートル条約での主役の地位を経度では逃したフランスは「経度の原点はパリの天文台の西…キロメートルにする」とあくまでも自分を基準にした書き方にしたという．当時の科学技術の王者であるフランスが度量衡，英国が経度・標準時と分けあったことになる．現在，グリニッジ天文台はその役目を終えて，世界遺産の観光地になっている．

6.4.3 日本はSI優等生，かつては国粋主義者の反対も

日本政府は，明治以来，第2次大戦前の一時期に国粋主義からの反対にあうが，おおむねメートル法，SI単位の採用を一貫して推進してきた．メートル条約へ1885年に加入し，メートル法を義務づけた度量衡法が1921年に成立している．「加入」後にも日英同盟の影響もあり1909年にはヤード・ポンド法の使用を公認するなどでメートル法義務化の機運は沈滞するが，第1次大戦による工業界の体験で再び「機運」が高まり1921年に実施法が国会で成立，商工省は約10年（一部20年）後の実施に向けて準備に入った．ところが1934年の実施予定の前年から当時の国粋的排外主義の政治の流れの中で実施中止を迫る動きが国会で先鋭化した[42]．しかし，軍を含む技術工業界では

メートル法は既定の方針で中止はできず，神社・仏閣での尺貫法容認を明確化するなどして，行政当局はほとぼりが冷めるまで 20 年余り凍結するという「先送り」を選択した．そして戦後に復活し，1951 年には現行の計量法のもととなる法律が成立し，1966 年に検定制度の合理化などの改正があり，さらに SI を全面的に採用した新計量法が 1993 年 11 月 1 日に施行され現在にいたっている．経済産業省では毎年 11 月 1 日を「計量記念日」，11 月を「計量強調月間」として，計量制度の普及と啓発を行っている．

慣れ親しんでいて，現状でも特に不都合がない慣行の変更を外部から強制されたら誰でも反発を感じる．SI の普及への阻害要因としてこういう側面は否めない．SI の普及に不熱心な大国はアメリカであり，いまでもマイル，フィート，インチ，ポンド，ガロン，華氏の世界である．

それに対して，日本では新計量法の施行にあわせて，天気予報もミリバールからヘクトパスカルに，周波数はサイクルがヘルツに変わったように，生活の場でも SI の普及が実感された．また理科の教科書も一斉に変わった．日本で SI の普及がスムーズにすすんだのは，伝統的な尺貫法が国際的な広がりをもたず，明治維新後の西欧の近代的技術や制度の移入がメートル条約以後であったこともある．こうして実用面ではスムーズに社会的受容がすすんだ．むしろ学問や技術の各専門ごとに違った慣用の単位が存在していたので，それらの統一を外から促されたことに対する戸惑いや反発があった．とくに科学の知識の学習・普及と研究・開発の世界では，外部から法律で介入されることに反発する心情があった．しかし世代交代と教育制度の影響で SI の普及は徐々に進んでいるといえる．

6.4.4 物理学の体系と単位系，質量「ロス」

1960 年ごろの時点で見れば，理学部系では CGS，工学部系では MKS の単位系が普及していた．CGS ではダイン，エルグ，ガウス，カロリー，オングストローム，ミクロンなどが飛び交っていたが，「1 量 1 単位」を掲げる SI では，使用頻度が高かったこれらは積極的に排除された．SI の普及には大事な「合理化」であった．CGS と MKS の差はデスクトップ実験のサイズと工学的装置のサイズの差を反映したもので，根の深い意識の差を反映していた．たっ

た2,3桁の差だが，電子質量をkgで表すのにも"なぜか"違和感があった．

さらに「原子の集合としてマクロな物体がある」という現代物理学の知見と旧SIでの基本単位を定義する現象とのあいだの違和感もあった．これは測定技術の跛行的な状況に左右されていたからなのだが，多くの研究者はこの測定技術の現状などには精通していないから，もっと物理学の体系にそって単位も定義すべしという理想論との離齟もあった．新SIではこの離齟は相当に解消されたといえる．

物理学は力と質点の運動から始まり，長さ・時間・質量は不可欠であった．19世紀，新たに，光，気体，熱，電磁気，音なども数理的な法則で把握され，さらにこれらを原子やエーテルの力学に還元する力学的世界観が唱えられた．その一方，化学や生理学などへの物理学の拡大により，相互に変換する種々のエネルギーを基本とみるエネルゲティーク派も台頭した．扱う現象の背後にどういう実体を見るかにより，単位についての"自然さ"の感覚も違ってくる．

19世紀後半，力学的世界観からは電磁気学も長さ・時間・質量の3つの単位に還元しようとなるが，そこではエーテルが暗黙の内に想定される実体であった．しかし電磁場という新たな実体が追加されたと見なせば新たな実体に即した単位を追加すべしとなる．その場合，電流よりは電荷がふさわしく，新SIではあるべき姿になったといえよう．

新SIの現示では質量の地位がプランク定数に変化した．先の長さの現示の変更と同様に，時間計測の精度が突出してよいという測定技術の現状を反映したものである．光速cとプランク定数hを定義値にして，$\nu = mc^2/h$と，質量mを振動数νで表す発想であるから，重量＝質量の従来のイメージは相当希薄になっている．

この現示体系の再編による質量概念の存在感低下は，近年の素粒子相互作用を統一する「標準理論」における質量概念の変更と軌を一にするものがある．そこでは素粒子場(ディラック場)の角振動数ωと波数kの本来の分散関係$\omega = ck$が，「真空の相転移」によって$\omega^2 = \omega_0^2 + c^2 k^2$のように変わり，ここで登場する$\omega_0$が$m = \hbar \omega_0 / c^2$という質量のことと見なされる．すなわち，質量は基本的な量ではなく，「真空場(ヒッグス場)」が外場として有限な値をもったことで2次的に生みだされてくる効果を記述する量であるにすぎない．

しかしながら，測定技術や「統一理論」で「質量概念の低下」が指摘されても，横並びの「長さ・時間・質量」から「質量」を除くことには「ロス（喪失感）」を覚えるであろう．その意味では，かつては一体であった身体的実感の世界と科学的認識の世界の乖離を見てとれる．そして単位系の課題は，単純に片方に還元できない性格を有していると教えているといえる．新 SI でもメートル法に由来する単位名は維持されており，これはあくまでも地球という存在に由来するものである．第 8 章 8.2 節でふれる「自然単位」や「原子単位」は「地球」を脱却したものであるが，専門家間の使用に限定されるものであろう．

6.4.5　マジックナンバー——聖なる数？

SI 単位は事物を十進法の数字で表現するものだが，生活を見渡すとこの方式から逸脱する数字の使い方が併存している．一番目立つのは時間に関わる数字であり，12 時間，60 分，7 日で 1 週，30 日で 1 月といったものである．そして例えば 12 という数字は干支の十二支，12 本で 1 ダース，キリスト教の 12 使徒，十二単衣など，東西文明圏で特別な数字になっている．

諸説あるが 12 の起源は自然環境のサイクルである 1 年のあいだに 12 回満月を見るという天文現象にあると思われる．これから周期を 12 に分割する流儀がはじまった．また満月から満月までほぼ 30 日であり，30 という数字も登場する．ここで何の数量であったかを忘れると 12 と 30 という数字から 24, 60, 360 といった数字が生成されてくる．SI 推奨の十進法では 10 分割であるが，時間や角度の分割は 10 分割ではなく，前述のような数字が用いられている．

ところが 12 や 30 と違い，1 週 7 日の 7 は年周や月齢とは無関係である．ローマ時代に 1 週間のサイクルが生活に定着したと言われる．7 とは天文学で知られていた天球面に対して動く遊星とか惑星と呼ばれた土星，木星，火星，太陽，金星，水星，月という 7 つの天体の数である．現在からいえば太陽と月は惑星でなく，惑星であっても地球や，19 世紀に発見される海王星や天王星は含まれていない．先の 7 つは当時考えられた地球からの遠さの順序で並んでいるが，現在の月火水木金土日というサイクルとも違っている．

七曜にはつぎのような神話が背景にある．7つの天体は地上の事物を支配しており，順番にその役目を務めていた．勤務は1時間交代で先の遠さの順でつぎに送っていくと，$7 \times 3 + 3 = 24$ だから翌日の最初の務めは距離順で3つ先に飛ぶ．1日の最初がその日の責任者とすると，土のつぎの日の責任者は日（太陽），つぎは月である．こうして土木火日金水月の順が土日月火水木金という現在の週の並びで責任者が1周することがわかる．

6.4.6 個数，等級，序数，ランキング

数字には自然数（正整数）と連続的な実数があるが，自然数を用いるのは1等賞といった序数，英検2級といった等級，それに個数である．横並びの個数の場合と違って，序数も等級もある価値による順序づけのランキングである．あらかじめ決められた基準があってどこに位置するかを示す尺度である．その場合，序数では価値の高い順から低い順に数は増えていくが，等級では両方ある（将棋では九段まで昇段）．最優秀には1が相応しいという感覚は東西共通である．

天文学では今でも「星の明るさの等級」が併用されている．もともとは「1番明るくて素晴らしい」のを1等星としたのに発するのであるが，今では光のエネルギーの流れ l で等級 m をつぎのように定義している．

$$m = -2.5 \log l/l_0, \quad l_0 = 2.5 \times 10^{-8} \text{ J/m}^2 \text{s} \qquad (6.11)$$

l_0 や対数の前の 2.5 は，肉眼で見える星が 10 等級内にはいり，1 等星と名づけられていたものの l で m が 1 になるようにしてある．対数をとるのは人間の視覚を含む感応度が物理量の対数に比例することを外挿したものである．この定義では1等星の恒星より明るい惑星などは「マイナス何等級」となる．

セルシウスは温度を熱さの尺度と考えたので，熱い方が基点でそこから熱さが衰えていく順序として，いちばん熱い沸騰点を0度，氷点を100度とする等級的な数値化を考えたが，同僚のリンネがこれを現在のように逆転させて氷点を0度にしたとも伝えられている．彼らはともに大学町ウプサラのほぼ同時代の学者である．リンネは現在は植物分類に名を残しているが，さまざまなものの分類法を提案していた．

時間，長さ，質量については，周期の回数を数えたり，並べて長さを比較したり，天秤秤の分銅の数を比較したり，比較法が容易にイメージできる．だから，比較の結果を数字で表現するのは頷ける．しかし，温度，明るさ，痛さ，味覚，……といった人間の大事な感覚，さらにはさまざまなスキル，好感度，……といった社会の事象についても，数値による表現が広がっている．「基本単位の基準現象」を明確にした SI の単位系が対象とする数値化とは，同じ数値表現でも比較法には大きな質的な差がある．

7

単位系の数理構造

7.1 単位系の一般的な考え方

これまで電磁気学のさまざまな単位系が図 5.3 のように系統的に整理されることを見てきた．本節ではこの背景にある数学的構造に注目したい．提示される枠組みは，抽象的でやや大袈裟なものに見えるかもしれないが，単位系に関する以下のような問題意識，疑問に答えるためには不可欠のものである [43]．(1) 物理量の表現や方程式は単位系に依存するが，それを越える普遍性は全くないのか；(2) 単位や単位系に関連して次元という概念があるが，正確な定義は何か；(3) 次元解析のためには単位系を固定する必要があるか；(4) 定数を 1 とおくことによって簡便に単位系の変換が行われるが，これは正しい方法か．(たとえば，$c_0 = \hbar = 1$ とする．)その他，単位と単位系にまつわる不透明感や混乱を払拭するには，基礎に立ち返ることが必要である．

単位系は単なる「単位の集まり」ではない．まず，少数の単位を基本単位として選定し，他の単位は基本単位の組み合わせ（積，商，べき）として表すことで，多くの種類の単位を系統的，構造的に整理することを目指すものである．基本単位以外の単位を，組み立て単位または誘導単位と呼ぶ．その際，1 以外の係数が入らないこと，すなわち「一貫性」が何より重視される．この原則を崩すと，単位系を導入する意味の多くが失われるからである．基本単位として，何を，いくつ，選ぶかということに関しては自由度がある．このように単位系には多様性があるので，単位系相互の比較が必要となる．比較は変換あるいは写像という形で行われるが，そこでは「単位系の集まり」がもつ数学的構造を踏まえることが有効である．その中で最も重要な概念は「単位系間の変換

図 7.1 質量に関する 2 種類の和.

可能性の一方向性」と「等価な単位系」である.

7.1.1 量の空間と量の表現

2つの物体の質量 w_1, w_2 の和を秤を用いて計量することを考える(図 7.1). 通常, それぞれを計量し数値化することで, それらの和 $w_1/\mathrm{g} + w_2/\mathrm{g} = 521 + 348 = 869$ が求められる. しかし, 2つの物体を同時に秤に載せることで,「量の和」としての $w_1 + w_2$ が実現され, これを秤量することでも, $(w_1+w_2)/\mathrm{g} = 869$ が得られる. この例のように, 数を仲介せずとも, 工夫によって「量」の大小比較, 和, 差, 定数倍などが実現可能である. 秤を用いて, 量 w と基準量 g の比 w/g を求めるのもそのような工夫の1つである. 面積やモーメントのような積, さらに, 密度や速度などに相当する商も考えることができる. このような量の演算はその操作を個別的, 具体的に指定する必要があり, 数の演算と比較すると面倒である. 計量は, 単位を用いてさまざまな量をすべて数値に置き換えることで, 演算, 記録, 伝達を効率化するために行われる.

対象となるすべての「量」を集めた集合を Ω とする. 単位や単位系による定量化以前の素朴な量の集まりをイメージして,「物理量」ではなく単に「量」と呼ぶことにする(図 7.2).

単位系は Ω に属する量たちを系統的に定量化する手段である. N 個の基準とすべき量, すなわち, 基本単位 $u_i \in \Omega$ $(i=1,\ldots,N)$ を選定し, $\boldsymbol{u} = (u_1, \ldots, u_N)$ とおく. 任意の量 $Q \in \Omega$ に対して, $q_U \in \mathbb{R}$, $\boldsymbol{d} = (d_1, \ldots, d_N)^T \in \mathbb{Q}^N$ を対応させるルール(写像)があるものとし, それを

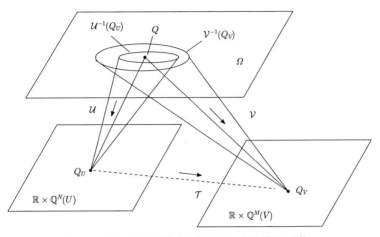

図 7.2 量の空間と単位系による表現,単位系間の変換.

$$\mathcal{U}(Q) = Q_U = q_U \boldsymbol{u}^{\boldsymbol{d}} \tag{7.1}$$

と表す. $\boldsymbol{u}^{\boldsymbol{d}} := \prod_{i=1}^{N} u_i^{d_i} = u_1^{d_1} \cdots u_N^{d_N} = [Q]_U$ は Q_U の単位部分, $q_U = \{Q\}_U$ は数値部分を指す. $\mathbb{R}$, $\mathbb{Q}$ はそれぞれ実数,有理数全体を表わす.

量の空間 Ω の構造や演算を保った形で $\mathbb{R} \times \mathbb{Q}^N$ への写像が定義されている.このような写像は数学で準同型写像(homomorphism)と呼ばれるものである.

このような対応ルール $\mathcal{U}$ と基本単位の集まり $\boldsymbol{u}$ をとりまとめた $U = (\mathcal{U}, \boldsymbol{u})$ を単位系という.ルールを明示せず,$U = \boldsymbol{u} = (u_1, u_2, \ldots, u_N)$ を単位系という場合が多いが,あくまでも略記法である.元数(基本単位の数) $N = \#U$ をもちいて U を N 元単位系と称することも多いが,N だけで単位系は全く定まらない.

単位系を利用して定量化された Q_U を$(U$ における$)$「物理量」と呼ぶことにする.物理量は単位系に依存するものであるが,後にこの制約は少し緩和できることが分かる.

写像 $\mathcal{U}$ は単射ではない.同じ Q_U,あるいは単位 $\boldsymbol{u}^{\boldsymbol{d}}$ で表現される量は複数ある.よく似た量をある程度まとめて同じ物理量として表現するのが単位系の考え方だからである.

さらに,一般的には $\mathcal{U}$ は全射であるとしてよい.つまり,任意の $q \in \mathbb{R}$, $\boldsymbol{d} \in$

$\mathbb{Q}^N$ について，$U(Q) = q\boldsymbol{u}^d$ となる $Q \in \Omega$ が少なくとも1つ存在するものとする．

7.1.2　単位系間の変換可能性と擬順序

量 $Q, P \in \Omega$ が，単位系 U において同じ単位部分をもつとき，すなわち $Q_U = q_U \boldsymbol{u}^d$，$P_U = p_U \boldsymbol{u}^d$ の場合，$P \overset{U}{\sim} Q$ と表すことにする．

2つの単位系 U, V に関して，任意の Q, P について，$Q \overset{U}{\sim} P$ なら $Q \overset{V}{\sim} P$ が成り立つことを，

$$U \succsim V \tag{7.2}$$

と表す．U で同じ単位で表される量は V でも必ず同じ単位で表されているということである．この場合には，単位系 U の表現から V への表現を求めることが可能となる．これを簡単に単位系 U は V に変換可能という．

これによって単位系のあいだには擬順序(preorder, 前順序ともよばれる)関係が定義される[44]．すなわち，(1) $U \succsim U$ (反射律)，(2) $U \succsim U'$ かつ $U' \succsim U''$ なら $U \succsim U''$ (推移律)が成り立つ．この擬順序構造は単位系全体を理解する鍵となる．特に推移律は単位系変換の合成が可能であることを示している．

$U \succsim V$ と $V \succsim U$ が同時に成り立つ場合，すなわち相互に変換できる場合，U, V は等価な単位系と呼び，$U \sim V$ と書く．これが同値関係であることは簡単に確かめられる．すなわち，$U \sim U$ (反射律)，$U \sim V$ なら $V \sim U$ (対称律)，$U \sim V$ かつ $V \sim W$ なら $U \sim W$ (推移律)が成り立つ．U を含む同値類を $[U] := \{V \mid V \sim U\}$ と表し，等価な単位系群と呼ぶ．

同値類のあいだにも順序関係 $[U] \succsim [V]$ が存在する．すべての $U \in [U]$, $V \in [V]$ に対して $U \succsim V$ が成り立つ．ここでは擬順序の公理に加えて，(3) $[U] \succsim [V]$ かつ $[V] \succsim [U]$ なら $[U] = [V]$ (反対称律)が成り立つ．これを部分順序(partial order)という．等価な単位系群の集合は部分順序(Poset, partially ordered set)構造をもつことになる[44]．

後に示すように，「等価な単位系群」は，物理量，同じ形の方程式を共有し，次元解析を共通に行うことができる土俵である．

$U \succsim V$ と $V \succsim U$ のどちらも成り立たない場合，すなわちどちら方向にも変

表 7.1　2つの単位系 U, V の可能な関係性

	$U \precsim V$	$U \not\precsim V$
$U \succsim V$	$U \sim V \ (N = M)$	$U \succ V \ (N > M)$
$U \not\succsim V$	$U \prec V \ (N < M)$	$U \parallel V$

変換可能($\succsim$), 一方向に変換可能($\succ$), 等価である ($\sim$), 両立しない($\parallel$). 基本単位の数(元の数) $N = \#U$, $M = \#V$ のあいだの関係(必要条件)も記載されている.

換できない場合, U, V は両立しない単位系といい, $U \parallel V$ と書く.

また, $U \succsim V$ かつ $V \not\succsim U$ の場合, U は V に一方向に変換可能といい, $U \succ V$ と表す.

単位系のあいだの関係を表 7.1 に整理しておく.

図 5.3 の系統樹は単位系の順序構造を明確に示す例になっている. 図中の矢印 "$\longrightarrow$" は変換可能性 "$\succ$" を表している.

7.1.3　単位系間の写像

2つの単位系 $U = (\mathcal{U}, \boldsymbol{u})$, $V = (\mathcal{V}, \boldsymbol{v})$ が $U \succsim V$ を満たす場合を考える. $N \geqq M$ ($N = \#U$, $M = \#V$) である (図 7.2).

ある量 Q の単位系 U, V における表現をそれぞれ,

$$\mathcal{U}(Q) = Q_U = q_U \boldsymbol{u}^d, \quad \mathcal{V}(Q) = Q_V = q_V \boldsymbol{v}^c \tag{7.3}$$

と表す. これらの表現のあいだの関係を写像 $\mathcal{T}: U \to V$

$$Q_V = \mathcal{T}(Q_U) \tag{7.4}$$

として表せることを示す. つまり, 単位系 U の表現 Q_U から, ($Q \in \Omega$ に遡ることなく) 単位系 V の表現 Q_V が一意的に求められることを示す.

U の基本単位 $u_i \in \Omega$ ($i = 1, \ldots, N$) の U における表現は $\mathcal{U}(u_i) = u_{iU} = 1 \times u_i^1$ である. 一方, V における表現を, $\mathcal{V}(u_i) = u_{iV} = k_i \boldsymbol{v}^{\boldsymbol{t}_i}$ と表す. ただし, $k_i \in \mathbb{R}_+$, $\boldsymbol{t}_i = (t_{1i}, \ldots, t_{Mi})^\mathrm{T}$, $t_{ji} \in \mathbb{Q}$ ($j = 1, \ldots, M$) である. $U \succsim V$ なので, 任意の量 $Q \in \Omega$ について, もし $Q \overset{U}{\sim} u_i$ であれば, かならず $Q \overset{V}{\sim} u_i$ が成り立つので, U において $u_{iU} = 1 u_i^1$ と表される量は, すべて V において, $u_{iV} = k_i \boldsymbol{v}^{\boldsymbol{t}_i}$ と表

されることが分かる.したがって,写像を次のように定義できる.

$$\mathcal{T}(u_{iU}) = k_i \boldsymbol{v}^{\boldsymbol{t}_i} \tag{7.5}$$

これを利用して,U における一般の量の表現 $\mathcal{U}(Q) = Q_U = q_U \boldsymbol{u}^{\boldsymbol{d}}$ を $\mathcal{T}$ で写すと,

$$Q_V = \mathcal{T}(Q_U) = (q_U \boldsymbol{k}^{\boldsymbol{d}}) \boldsymbol{v}^{T\boldsymbol{d}} = q_V \boldsymbol{v}^{\boldsymbol{c}} \tag{7.6}$$

となる.ただし,

$$q_V = q_U \boldsymbol{k}^{\boldsymbol{d}}, \quad \boldsymbol{c} = T\boldsymbol{d} \tag{7.7}$$

である.前者は数値の変換を,後者は単位部分の(べきの)変換を与える.具体的に成分で書くと,

$$q_V = q_U k_1^{d_1} \cdots k_N^{d_N},$$

$$\begin{bmatrix} c_1 \\ c_2 \\ \vdots \\ c_M \end{bmatrix} = \begin{bmatrix} t_{11} & t_{12} & \cdots\cdots & t_{1N} \\ t_{21} & t_{22} & & t_{2N} \\ \vdots & & & \vdots \\ t_{M1} & t_{M2} & \cdots\cdots & t_{MN} \end{bmatrix} \begin{bmatrix} d_1 \\ d_2 \\ \vdots \\ \vdots \\ d_N \end{bmatrix} \tag{7.8}$$

となる.このように,単位系の変換はベクトル $\boldsymbol{k} = (k_1, k_2, \ldots, k_N)^{\mathrm{T}} \in \mathbb{R}_+^N$ と線形変換 $T \in L(\mathbb{Q}_N, \mathbb{Q}_M)$ で規定されるので $\mathcal{T} = (\boldsymbol{k}, T)$ と表すことができる.

一般に $\mathcal{T}$ は全射である.すなわち,任意の Q_V に対して $\mathcal{T}(Q_U) = Q_V$ となる Q_U が少なくとも 1 つ存在する.$\mathcal{T}$ が全射であれば,T も全射であり,rank $T = M$ が成り立つ.

U における無次元量に対しては $\boldsymbol{d} = 0$ であり,$\boldsymbol{c} = T\boldsymbol{d} = 0$ なので,変換後も無次元量のままであり,数値も変化しない.

変換 $U \xrightarrow{\mathcal{T}} V \xrightarrow{\mathcal{S}} W$, $\mathcal{T} = (\boldsymbol{k}, T)$, $\mathcal{S} = (\boldsymbol{h}, S)$ の合成 $U \xrightarrow{\mathcal{ST}} W$ は

$$\mathcal{ST} = (\boldsymbol{h}^T \boldsymbol{k}, ST) \tag{7.9}$$

ただし，$(\boldsymbol{h}^T)_i = \prod_{j=1}^{M} h_j^{T_{ji}}$ $(i=1,\ldots,N)$, $\boldsymbol{k}\boldsymbol{k}' = (k_1 k_1', \ldots, k_N k_N')$.

$N=M$ の場合は，T は正則行列であり，変換 $\mathcal{T}$ は可逆で，逆変換 $\mathcal{T}^{-1}$ は $q_U = q_V \boldsymbol{k}^{-T^{-1}\boldsymbol{c}}$, $\boldsymbol{d} = T^{-1}\boldsymbol{c}$ で与えられる：$\mathcal{T}^{-1} = (\boldsymbol{k}^{-T^{-1}}, T^{-1})$.

$N>M$ の場合には，T は自明でないゼロ空間（核）$\operatorname{Ker} T = \{\boldsymbol{d} \in \mathbb{Q}^N \mid T\boldsymbol{d} = 0\}$ をもち，その次元は $L = N - M \geq 1$ である．

U における量の表現

$$\tilde{Q}_U = \tilde{q}_U \boldsymbol{u}^{\tilde{\boldsymbol{d}}}, \quad \tilde{\boldsymbol{d}} \in \operatorname{Ker} T \tag{7.10}$$

を $\mathcal{T}$ で写すと，$T\tilde{\boldsymbol{d}} = 0$ なので，

$$\tilde{Q}_V = \mathcal{T}(\tilde{Q}_U) = \tilde{q}\boldsymbol{k}^{\tilde{\boldsymbol{d}}} \boldsymbol{v}^0 = \tilde{q}\boldsymbol{k}^{\tilde{\boldsymbol{d}}} \tag{7.11}$$

のような V における無次元量が得られる．あらかじめ大きさが 1 になるように，$\tilde{q}_U = \boldsymbol{k}^{-\tilde{\boldsymbol{d}}}$ とした物理量

$$N_U = \boldsymbol{k}^{-\tilde{\boldsymbol{d}}} \boldsymbol{u}^{\tilde{\boldsymbol{d}}}, \quad \tilde{\boldsymbol{d}} \in \operatorname{Ker} T \tag{7.12}$$

は，V に写すと 1 となる．すなわち，$N_V = \mathcal{T}(N_U) = 1$. さらに，$P_U = N_U^{\alpha} Q_U$ は $0 \neq \alpha \in \mathbb{Q}$ にかかわらず $P_V = Q_V$ となる．

このように，$L = N - M$ 個の独立な $\tilde{\boldsymbol{d}}_l \in \operatorname{Ker} T$ $(l = 1, 2, \ldots, L)$ に対して，それぞれ同一視を行うことで，単位系 U から V への移行が行われる．基本単位の数を減らすためには，それに見合った数の換算の仕組みが必要である．

7.1.4 変換の例

いくつかの例を見ておこう．

例 1（簡単な例） 光速 c_0 を用いて $\tau = c_0 t \stackrel{\mathrm{SI}}{\sim} \mathrm{m}$ のように時間を空間に換算することが行われるが，以下のような変換に相当する．簡単のために，空間と時間のみからなる量を考える．$U = (\mathcal{U}, (\mathrm{m}, \mathrm{s}))$, $V = (\mathcal{V}, (\mathrm{m}))$ として，変換は $\mathcal{T}(\mathrm{m}) = \mathrm{m}$, $\mathcal{T}(\mathrm{s}) = \{c_0\}_U \mathrm{m}$ より，

$$\boldsymbol{k} = (1, \{c_0\}_U), \quad T = \begin{bmatrix} 1 & 1 \end{bmatrix} \tag{7.13}$$

である．ただし，$\{c_0\}_U := c_{0U}/(\mathrm{m/s}) = 299\,792\,458$. $\operatorname{Ker} T = \operatorname{Span}\{(1, -1)^{\mathrm{T}}\}$

である[*1]. $\tilde{d}=(1,-1)^\mathrm{T}\in\mathrm{Ker}\,T$ として,U における物理量 $c_{0U}=\boldsymbol{k}^{-\tilde{d}}\boldsymbol{u}^{\tilde{d}}=\{c_0\}_U\,\mathrm{m\,s}^{-1}$ は V においては $c_{0V}=1$ になる.逆変換は存在しないので,$U\succ V$. V では時間と空間の区別がないので,U へ戻すことはできない.

例 2(等価な単位系)$U=(\mathrm{MKSA},(\mathrm{m,kg,s,A}))$, $V=(\mathrm{MKS\Omega},(\mathrm{m,kg,s},\Omega))$ の場合,$T(\mathrm{A}^2)=\mathrm{m}^2\,\mathrm{kg\,s}^{-3}\,\Omega^{-1}$ より,

$$\boldsymbol{k}=(1,1,1,1),\quad T=\begin{bmatrix}1&0&0&1\\0&1&0&1/2\\0&0&1&-3/2\\0&0&0&-1/2\end{bmatrix} \quad (7.14)$$

であり,$\mathrm{Ker}\,T=\{0\}$ である.つまり,T は可逆であり,$U\sim V$ である.電磁気の基本単位をボルト (V) など他のものに変えても同様である.

例 3(一方向変換)$U=(\mathrm{MKSA},(\mathrm{m,kg,s,A}))$, $V=(\mathrm{emu},(\mathrm{cm,g,s}))$,すなわち MKSA 単位系から有理 CGS emu への移行を考える.式 (5.31) を用いて,

$$T(\mathrm{A})=10^{2.5}\sqrt{\{\mu_0\}}\,\mathrm{cm}^{1/2}\mathrm{g}^{1/2}\mathrm{s}^{-1} \quad (7.15)$$

であることを考慮して,

$$\boldsymbol{k}=(10^2,10^3,1,10^{2.5}\sqrt{\{\mu_0\}}),\quad T=\begin{bmatrix}1&0&0&1/2\\0&1&0&1/2\\0&0&1&-1\end{bmatrix} \quad (7.16)$$

$\mathrm{Ker}\,T=\mathrm{Span}\{(-1/2,-1/2,1,1)^\mathrm{T}\}$ である.$\tilde{d}=(1,1,-2,-2)^\mathrm{T}\in\mathrm{Ker}\,T$ として,U における物理量

$$\mu_{0U}=\boldsymbol{k}^{-\tilde{d}}\boldsymbol{u}^{\tilde{d}}=10^{-2}\times 10^{-3}\times 10^5\times\{\mu_0\}\,\mathrm{m\,kg\,s}^{-2}\mathrm{A}^{-2}=\{\mu_0\}\,\mathrm{N/A}^2 \quad (7.17)$$

は V において $\mu_{0V}=1$ となる.$U\succsim V$ である.

[*1] $\mathrm{Span}\{\boldsymbol{d}_1,\boldsymbol{d}_2,\ldots\}$ は $\boldsymbol{d}_1,\boldsymbol{d}_2,\ldots$ が張る空間を表す.

例 4（変換不可能） $U = (\text{esu}, (\text{cm}, \text{g}, \text{s}))$, $V = (\text{emu}, (\text{cm}, \text{g}, \text{s}))$ は相互に変換不可能な例である．例えば，esu における電場 E_{esu} と分極 P_{esu} は同じ単位 $\sqrt{\text{dyn}}/\text{cm}$ で表されるが，emu ではそれぞれ，$\sqrt{\text{dyn}}\,\text{s}$, $\sqrt{\text{dyn}}\,\text{s}/\text{cm}^2$ と異なっている．他方，emu における電荷 q_{emu} と電場 E_{emu} の単位は $\sqrt{\text{dyn}}\,\text{s}$ であるが，esu ではそれぞれ $\sqrt{\text{dyn}}\,\text{cm}$, $\sqrt{\text{dyn}}/\text{cm}$ である（表 5.1, 表 5.2）．どちらの方向にも単位だけを頼りに変換することができないことが分かる．よって，$U \| V$ である．

例 5（プランク単位系） $U = (\mathcal{N}, (c_0, \hbar, G, Z_0))$, $V = (\text{MKSQ}, (\text{m}, \text{kg}, \text{s}, \text{C}))$ を考える．U から V への変換

$$\boldsymbol{k} = (\{c_0\}, \{\hbar\}, \{G\}, \{Z_0\}), \quad T = \begin{bmatrix} 1 & 2 & 3 & 2 \\ 0 & 1 & -1 & 1 \\ -1 & -1 & -2 & -1 \\ 0 & 0 & 0 & -2 \end{bmatrix} \quad (7.18)$$

は可逆な変換である．逆は

$$\boldsymbol{k}^{-T^{-1}} = (\{l_{\text{P}}\}^{-1}, \{m_{\text{P}}\}^{-1}, \{t_{\text{P}}\}^{-1}, \{q_{\text{P}}\}^{-1}),$$

$$T^{-1} = \begin{bmatrix} -3/2 & 1/2 & -5/2 & 0 \\ 1/2 & 1/2 & 1/2 & 1/2 \\ 1/2 & -1/2 & 1/2 & 0 \\ 0 & 0 & 0 & -1/2 \end{bmatrix} \quad (7.19)$$

ただし，

$$l_{\text{P}} = \sqrt{\frac{G\hbar}{c_0^3}} \sim 1.6 \times 10^{-35}\,\text{m}, \quad m_{\text{P}} = \sqrt{\frac{c_0\hbar}{G}} \sim 2.2 \times 10^{-8}\,\text{kg},$$

$$t_{\text{P}} = \sqrt{\frac{G\hbar}{c_0^5}} \sim 5.4 \times 10^{-44}\,\text{s}, \quad q_{\text{P}} = \sqrt{\frac{\hbar}{Z_0}} \sim 0.53 \times 10^{-18}\,\text{C} \quad (7.20)$$

はそれぞれ，プランク長さ，プランク質量，プランク時間，プランク電荷と呼ばれる量である．（プランク電荷と素電荷の比は微細構造定数を用いて，$q_{\text{P}}/e = (4\pi\alpha)^{-1/2}$ と表される．）プランク単位系 U は自然単位系の 1 つであ

る．単位のスケールは大きく異なるが，$U \sim V$ である．

7.2 次元と単位系――物理量はどこまで普遍的か

物理量や，物理量の組み合わせである方程式は普遍的であることが望ましい．しかし，実際にはこれらは単位系の取り方に依存している．電磁気の方程式が単位系に依存することは繰り返し見てきたところである．SI の式 $\boldsymbol{D} = \varepsilon_0 \boldsymbol{E}$ は，esu では $\boldsymbol{D}_\text{esu} = \boldsymbol{E}_\text{esu}$，emu では $\boldsymbol{D}_\text{emu} = c_0^{-2} \boldsymbol{E}_\text{emu}$ である．一方，力学の運動方程式は CGS でも MKS でも同じく $m\boldsymbol{\alpha} = \boldsymbol{F}$ である．また，各物理量もどちらのものと区別する必要はない．いったい，物理量や方程式は何に依存しているのだろうか？

7.2.1 等価な単位系群

等価な単位系 $U, U', \ldots$ の集まり（同値類）$[U] = \{U, U', \ldots\}$ を考える．$[U]$ の中の任意の単位系の対について可逆な変換が存在する．つまり，量 Q に対する各表現 $Q_U = q_U \boldsymbol{u}^d$，$Q_{U'} = q_{U'} \boldsymbol{u}^d$ は 1 対 1 に対応している．量 P についての表現を $P_U = p_U \boldsymbol{u}^c$ などと置き，等価な単位系群における量の表現を

$$Q_{[U]} = \{Q_U, Q_{U'}, \ldots\}, \quad P_{[U]} = \{P_U, P_{U'}, \ldots\} \tag{7.21}$$

のように解釈すると，これらのあいだの演算が以下のように定義できる；

$$Q_{[U]}^\alpha P_{[U]}^\beta = \{Q_U^\alpha P_U^\beta, Q_{U'}^\alpha Q_{U'}^\beta, \ldots\} \quad (\alpha, \beta \in \mathbb{Q}) \tag{7.22}$$

特に，$\boldsymbol{d} = \boldsymbol{c}$ の場合には

$$Q_{[U]} \pm P_{[U]} = \{Q_U \pm P_U, Q_{U'} \pm Q_{U'}, \ldots\} \tag{7.23}$$

も定義できる．つまり，単位系 U の量の表現や式は，等価な単位系群 $[U]$ の式にそのまま拡大することができる．$Q_U + P_{U'}$ といった計算も，$Q_U + P_U$ と変換して行えばよい．$L = 1\,\text{inch} + 5\,\text{mm}$ はこのような表現の 1 例である．また，ある単位系で成り立つ方程式は等価な単位系でも必ず成り立つ．

このように「物理量」は単位系での表現 Q_U というより，等価な単位系群

での表現の総体 $Q_{[U]}$ を指していると考えるのが適当である．MKSA における物理量や式は，MKSΩ, MKSQ, MSVA などでも使うことができる．一方，esu と emu は等価ではないので，はっきり区別する必要がある．

7.2.2 次元とは何か

次元と単位(あるいは単位系)は近い概念であるが，全く同じというわけではない．この項では，この違いを見ておこう．

量 Q, P の単位系 U における単位部分が $[Q]_U = \boldsymbol{u}^d, [P]_U = \boldsymbol{u}^c$ であるとする．すると，$[Q^\alpha P^\beta]_U = \boldsymbol{u}^{\alpha d + \beta c} = [Q]_U^\alpha [P]_U^\beta$ となる．また，$\boldsymbol{d} = \boldsymbol{c}$ の場合に限り，$[Q \pm P]_U = \boldsymbol{u}^d$ となる．

等価な単位系群の単位部分の集まりを次のように表す；

$$[Q]_{[U]} = \{[Q]_U, [Q]_{U'}, \dots\}, \quad [P]_{[U]} = \{[P]_U, [P]_{U'}, \dots\} \quad (7.24)$$

これらのあいだの演算が例えば以下のように定義できる；

$$[Q^\alpha P^\beta]_{[U]} = \{[Q^\alpha P^\beta]_U, [Q^\alpha P^\beta]_{U'}, \dots\} = [Q]_{[U]}^\alpha [P]_{[U]}^\beta \quad (7.25)$$

このように，U で成り立つ単位部分の関係は $[U]$ へ拡大される．$[Q]_{[U]}$ を「物理量」$Q_{[U]}$ の次元と呼ぶ．つまり，量 Q の「次元」は，Q を等価な単位系 $[U]$ のそれぞれで表した場合の単位の総体を指すのである．

$[U]$ の代表的な単位系 U を選び，その基本単位 $\boldsymbol{u} = (u_1, u_2, \dots, u_N)$ を用いて $\mathsf{U}_i := [u_i]_{[U]}$ と表しておく．$Q_U = q_U u_1^{d_1} \cdots u_N^{d_N}$ を含む $Q_{[U]}$ の「次元」は $\mathsf{U}_1^{d_1} \cdots \mathsf{U}_N^{d_N}$ と書ける．

例 力学の3元単位系には，(m, kg, s), (cm, g, s), (mm, mg, s) などさまざまな種類があったが，これらは互いに変換可能で，等価な単位系群に属しているといえる．したがって，次元を共有しているため，$\mathsf{L} := [\mathrm{m}], \mathsf{M} := [\mathrm{kg}]$, $\mathsf{T} := [\mathrm{s}]$ のように次元を定義すれば，すべての等価な単位系で同じように使うことができる．つまり，$\mathsf{L} = \{[\mathrm{m}], [\mathrm{cm}], \dots\}$ などが成り立つ．スケールの異なる単位系の乱立に対応するために次元の考えが導入されたのである．

MKSA と等価な単位系群では力学系の次元に $\mathsf{I} := [\mathrm{A}]$ が加わる．

7.2.3 正規化による単位系の変換——部分単位系への埋め込み

等価でない単位系の物理量を混載した式は，一般には意味をもたない．物理における式は等価な単位系群でのみ有効だからである．しかし，単位系の変換則においては，2つの単位系の物理量を1つの関係式に含める必要がある．これは，第5章の換算式を見れば明らかなことである．そこでも述べたように，式の解釈や変形には細心の注意を払う必要があり，うっかりすると誤った結果に至る場合がある．こういった式が成り立つ根拠と，その限界を考察しよう．

$U \succ V$ の場合，U の物理量を $\mathcal{T}: U \to V$ で写して得られる V の物理量を，ふたたび U の物理量と解釈することができる．これを単位系の「埋め込み」ということにする．少し具体的に見てゆこう．

単位系 $U = (\mathcal{U}, \boldsymbol{u})$ から $V = (\mathcal{V}, \boldsymbol{v})$ への変換 $\mathcal{T}$ によって元数が低下する場合，すなわち，$N > M$ ($N = \#U$, $M = \#V$) の場合を考える．$L := N - M$ とおく．簡単のために，$\boldsymbol{u}$ の最初の M 個の単位 $u_1, u_2, \ldots, u_M$ は変換に際して，それぞれ保存されるとする．すなわち，$v_i = u_i$ あるいは $k_i = 1$ ($i \leq M$)，$t_{ij} = \delta_{ij}$ ($i, j \leq M$) である．このとき，$\mathcal{T} = (\boldsymbol{k}, T): U \to V$ は以下のように表される；

$$\boldsymbol{k} = (1, \ldots\ldots, 1, k_{M+1}, \ldots, k_N), \tag{7.26}$$

$$T = \begin{bmatrix} 1 & & & t_{1,M+1} & \cdots & t_{1,N} \\ & \ddots & \mathbf{0} & & & \\ & & \ddots & \vdots & & \vdots \\ & \mathbf{0} & & & & \\ & & & 1 & t_{M,M+1} & \cdots & t_{M,N} \end{bmatrix} \tag{7.27}$$

残りの L 個の単位 $u_{M+1}, \ldots, u_N$ は変換 $\mathcal{T}$ で失われる．これらの変換

$$\mathcal{T}(u_{M+l}) = k_{M+l} \boldsymbol{v}^{\boldsymbol{t}_{M+l}} \quad (l = 1, \ldots, L) \tag{7.28}$$

に対応して，U における物理量

$$\tilde{u}_{M+l} := k_{M+l} \boldsymbol{u}^{\boldsymbol{t}_{M+l}} \tag{7.29}$$

を定義する．$\mathcal{T}(\tilde{u}_{M+l}) = \mathcal{T}(u_{M+l})$ であることと，$\tilde{u}_{M+l}$ は単位 $u_{M+1}, \ldots, u_N$ を含まないことに注意する．

これは(全射ではない)埋め込み変換 $\tilde{\mathcal{T}} = (\boldsymbol{k}, \tilde{T}): U = (\mathcal{U}, \boldsymbol{u}) \to \tilde{U} = (\tilde{\mathcal{U}}, \boldsymbol{u})$ を考えていることになる．$\tilde{T}$ ($N \times N$ 行列)は，T に対して要素がすべてゼロの行を，L 行だけ付加したものである．

一般の物理量 $Q_U = q_U u_1^{d_1} \cdots u_N^{d_N}$ に対しても規格化された $\tilde{Q}_U$ が定義できる；

$$\tilde{Q}_U = q_U\, u_1^{d_1} \cdots u_M^{d_M} \tilde{u}_{M+1}^{d_{M+1}} \cdots \tilde{u}_N^{d_N}$$
$$= q_U \boldsymbol{u}^d \left(\frac{\tilde{u}_{M+1}}{u_{M+1}}\right)^{d_{M+1}} \cdots \left(\frac{\tilde{u}_N}{u_N}\right)^{d_N} = Q_U N_1^{d_{M+1}} \cdots N_L^{d_N} \quad (7.30)$$

再び，$\mathcal{T}(\tilde{Q}_U) = \mathcal{T}(Q_U)$ であることと，$\tilde{Q}_U$ において $\tilde{u}_{M+l}$ は単位 $u_{M+1}, \ldots, u_N$ を含まないことに注意する．$\mathcal{T}(N_l) = 1$ であり，実際の変換に際しては，無次元量 1 になる．すなわち，単位系の変換は正規化変数 $N_l = \tilde{u}_{M+l}/u_{M+l}$ ($l = 1, \ldots, L$)を適切にかけることによって，U の中ですでに実現されていることが分かる：$\tilde{\mathcal{T}}: U \to U$, $\tilde{Q}_U = Q_U N_1^{d_{M+1}} \cdots N_L^{d_N}$．これは全射ではないが，$\boldsymbol{u}$ の代わりに $\bar{\boldsymbol{u}} = (u_1, \ldots, u_M)$ を基本単位にすれば全射になる．

$\tilde{Q}_U$ と $\mathcal{T}Q_U$ が 1 対 1 に対応していることから，変換 $\mathcal{T}: U \to V$ が U の中での式 (7.30) で実現できているのである．

例 1 (emu における磁場の変換) $U = (\text{MKSA}, (\text{m}, \text{kg}, \text{s}, \text{A}))$, $V = (\text{MKS emu}, (\text{m}, \text{kg}, \text{s}))$ の場合を考える．$\mathcal{T}: U \to V$ とすると，

$$B_V = \mathcal{T}(B_U), \quad H_V = \mathcal{T}(H_U) \quad (7.31)$$

などが成り立つ．この写像は非可逆である．emu が B と H を(特に真空中において)区別しない単位系であることを考慮すれば当然のことである．

一方，正規化によると

$$\tilde{B}_U = B_U/\sqrt{\mu_0}, \quad \tilde{H}_U = \sqrt{\mu_0} H_U \quad (7.32)$$

のように変換が行われる．等号の両辺にある物理量はいずれも U におけるものであり，U の方程式，あるいは U に等価な単位系群における方程式である．1 対 1 関係 $B_V \leftrightarrow \tilde{B}_U$, $H_V \leftrightarrow \tilde{H}_U$ が成り立つので，しばしば，

$$B_V = B_U/\sqrt{\mu_0}, \quad H_V = \sqrt{\mu_0}H_U \quad (要注意) \tag{7.33}$$

と書かれて，2つの単位系の物理量が混在した変換式になるのだが，上のような注釈がなければ，複数の等価でない単位系に跨る不当な式になってしまう．

正規化による変換式は変換の「一方向性」が見えにくい形になっているので，十分な注意が必要である．1つめの式 $B_V = B_U/\sqrt{\mu_0}$ を例にとると，B_U が与えられた場合には，正規化の定数が $\mu_0^{-1/2}$ であることは，その次元から一意に定まる．しかし，B_V が与えられた場合には，$B_U = \sqrt{\mu_0}B_V$ という式は一意には定まらない．V においては $B_V = H_V$ などが成り立っており，その次元からは，正規化定数は定まらず，$B_U = \mu_0^\alpha B_V$ ($\alpha \in \mathbb{Q}$) であることがいえるだけである[*2]．これは当然のことなのであるが，式の外形からは，B_U と B_V の関係が対称に見えるので注意が必要である．第5章において，正規化による変換を多用したが，ここに述べた一方向性を十分に注意する必要がある．

この観点から，ウェーバー・コールラウシュの実験に関する関係式 $q_\mathrm{esu}/q_\mathrm{emu} = c_0$ も注意深く解釈する必要がある．(esu と emu は両立しない単位系なので，双方を含む上位の単位系，たとえば SI に埋め込む必要がある．)

例2 (MKSA から MKS esu, さらに CGS esu) 規格化による単位系の変換の例として，つぎの2段階の変換

$$U = (\mathrm{MKSA}, (\mathrm{m,kg,s,A})) \xrightarrow{\mathcal{T}} V = (\mathrm{MKS\ esu}, (\mathrm{m,kg,s}))$$
$$\xrightarrow{\mathcal{S}} W = (\mathrm{CGS\ esu}, (\mathrm{cm,g,s})) \tag{7.34}$$

を考える．1 A は，esu では $\{\varepsilon_0\}\sqrt{\mathrm{N}}\,\mathrm{m/s}$ に相当するので，$\mathcal{T} = (\boldsymbol{k}, T)$,

$$\boldsymbol{k} = (1,1,1,\{\varepsilon_0\}^{-1/2}), \quad T = \begin{bmatrix} 1 & 0 & 0 & 3/2 \\ 0 & 1 & 0 & 1/2 \\ 0 & 0 & 1 & -2 \end{bmatrix} \tag{7.35}$$

で変換することができる．$N_1 = \{\varepsilon_0\}^{-1/2}\sqrt{\mathrm{N}}\,\mathrm{m/C} = \varepsilon_0^{-1/2}$ が正規化変数であ

[*2] 線形空間における類似の例を示す．射影演算子 P ($P^2 = P$, $P \neq I$) をベクトル $\boldsymbol{x}$ に作用させる：$\boldsymbol{y} = P\boldsymbol{x}$．この作用は不可逆であるが，$\boldsymbol{y} = \boldsymbol{x} - \boldsymbol{z}$, $\boldsymbol{z} := (I-P)\boldsymbol{x}$ のようなベクトルの引き算で表される．見かけは可逆であるが，$\boldsymbol{x} = \boldsymbol{y} + \boldsymbol{z}$ は，$\boldsymbol{y}$ から一意的には決まらない．

る. したがって, U における物理量 $Q_U = q_U \, \mathrm{m}^\alpha \, \mathrm{kg}^\beta \, \mathrm{s}^\gamma \, \mathrm{A}^\delta$ を $\tilde{Q}_U = \varepsilon_0^{-\delta/2} Q_U$ と正規化すれば, 実質的な変換ができることになる.

さらに CGS esu を得るには, (可逆)変換 $\mathcal{S} = (\boldsymbol{h}, S)$, $\boldsymbol{h} = (100, 1000, 1)$, $S = I_3$ (単位行列)を引き続き行えばよい. 等価な単位系なので, W においても $\tilde{Q}_U$ がそのまま使える.

8

諸定数表

8.1 新SIでの定義値と
新旧SIでの主要物理定数の不確かさ

定義値表

第3章3.1節で述べたように,新SIでは7つの物理量には定義値を与えており,表8.1にそれらの数値を示す.右端の欄にはこれらの物理定数の次元を基本単位で示した.定義値と基本単位の依存関係についても図3.1に説明されている.

旧SIと新SIでの主要物理定数の不確かさの対比

単位を定義する現象の改定によって,物理定数が定義値であるか測定値であるかの身分が変更されることになる.定義値は不確かさが0であり,測定値は有限の不確かさをもつ.表8.2には主要な物理定数について旧SIと新SIで不確かさ u_r がどう変わるか示した.

表 8.1 新SIでの物理定数の定義値

定義される定数	記号	数値	単位
Cs の超微細分離	$\Delta\nu_{Cs}$	9 192 631 770	$Hz = s^{-1}$
真空中の光速	c, c_0	299 792 458	$m\,s^{-1}$
プランク定数	h	$6.626\,070\,15 \times 10^{-34}$	$J\,s = kg\,m^2\,s^{-1}$
素電荷	e	$1.602\,176\,634 \times 10^{-19}$	$C = A\,s$
ボルツマン定数	k, k_B	$1.380\,649 \times 10^{-23}$	$J\,K^{-1}$
アボガドロ定数	N_A	$6.022\,140\,76 \times 10^{23}$	mol^{-1}
発光効率	K_{cd}	683	$lm\,W^{-1} = cd\,sr\,W^{-1}$

表 8.2　主要物理定数の新, 旧 SI での相対不確かさ (2014, 2018 CODATA)

物理定数	記号	旧 SI $u_r \times 10^9$	新 SI $u_r \times 10^9$
キログラム原器	$m(K)$	0	44
真空の透磁率	μ_0	0	0.15
真空の誘電率	ε_0	0	0.15
真空のインピーダンス	Z_0	0	0.15
水の 3 重点	T_{TPW}	0	570
炭素 12 のモル質量	$M(^{12}C)$	0	0.30
プランク定数	h	12	0
素電荷	e	61	0
ボルツマン定数	k	570	0
アボガドロ定数	N_A	12	0
モル気体定数	R	570	0
ファラデー定数	F	6.2	0
ステファン・ボルツマン定数	σ	2300	0
電子質量	m_e	12	0.30
原子質量	m_u	12	0.30
炭素 12 の質量	$m(^{12}C)$	12	0.30
ジョセフソン定数	K_J	6.1	0
フォン・クリッツィング定数	R_K	0.23	0
微細構造定数	α	0.23	0.15
$E = mc^2$	J ↔ kg	0	0
$E = hc/\lambda$	J ↔ m^{-1}	12	0
$E = h\nu$	J ↔ Hz	12	0
$E = kT$	J ↔ K	570	0
$E = eV$	J ↔ eV	61	0

表 8.2 の下方の 5 行には単位の変換に伴う不確かさを示す. 例えば, "J ↔ m^{-1}" はエネルギー (J) と 1/波長 (m^{-1}) の変換に伴う不確かさが示されている. この表は旧 SI から新 SI への変更がもたらす意味を定性的に理解することを目的としたものであり, 新, 旧 u_r の数値はそれぞれ 2014 年, 2018 年の CODATA によるものである.

8.2　「よく使われる基本物理定数」,「自然単位 n.u. と原子単位 a.u.」および「エネルギー等価換算」の表

ここには「よく使われる基本物理定数」(表 8.3),「自然単位 n.u. と原子単位 a.u.」(表 8.4, 表 8.5) および「エネルギー等価換算表」(表 8.6) の 4 つの表を

表 8.3 よく使われる基本物理定数 (2018 CODATA 推奨値)

物 理 量	記号	数　値	単 位	相対的不確かさ u_r
真空中の光速	c, c_0	$299\,792\,458$	m s^{-1}	定義値
真空の透磁率	μ_0	$1.256\,637\,062\,12(19) \times 10^{-6}$	N A^{-2}	1.5×10^{-10}
$\mu_0/(4\pi \times 10^{-7})$		$1.000\,000\,000\,55(15)$	N A^{-2}	1.5×10^{-10}
真空の誘電率 $1/(\mu_0 c^2)$	ε_0	$8.854\,187\,8128(13) \times 10^{-12}$	F m^{-1}	1.5×10^{-10}
真空のインピーダンス	Z_0	$376.730\,313\,668(57)$	Ω	1.5×10^{-9}
重力定数	G	$6.674\,30(15) \times 10^{-11}$	m^3 kg^{-1} s^{-2}	2.2×10^{-5}
プランク定数	h	$6.626\,070\,15 \times 10^{-34}$	J s	定義値
$h/(2\pi)$	$\hbar$	$1.054\,571\,817\cdots \times 10^{-34}$	J s	0
素電荷	e	$1.602\,176\,634 \times 10^{-19}$	C	定義値
磁束量子 $h/(2e)$	Φ_0	$2.067\,833\,848\cdots \times 10^{-15}$	Wb	0
量子コンダクタンス $2e^2/h$	G_0	$7.748\,091\,729\cdots \times 10^{-5}$	S	0
電子質量	m_e	$9.109\,383\,7015(28) \times 10^{-31}$	kg	3.0×10^{-10}
陽子質量	m_p	$1.672\,621\,923\,69(51) \times 10^{-27}$	kg	3.1×10^{-10}
陽子と電子の質量比	m_p/m_e	$1836.152\,673\,43(11)$		6.0×10^{-11}
微細構造定数 $e^2/(4\pi\varepsilon_0 \hbar c)$	α	$7.297\,352\,5693(11) \times 10^{-3}$		1.5×10^{-10}
	α^{-1}	$137.035\,999\,084(21)$		1.5×10^{-10}
リドベルグ定数 $\alpha^2 m_e c/(2h)$	R_∞	$10\,973\,731.568\,160(21)$	m^{-1}	1.9×10^{-12}
アボガドロ定数	N_A	$6.022\,140\,76 \times 10^{23}$	mol^{-1}	定義値
ボルツマン定数	k, k_B	$1.380\,649 \times 10^{-23}$	J K^{-1}	定義値
ファラデー定数 $N_A e$	F	$96\,485.332\,12\cdots$	C mol^{-1}	0
モル気体定数 $N_A k$	R	$8.314\,462\,618\cdots$	J mol^{-1} K^{-1}	0
ステファン・ボルツマン定数 $\pi^2 k^4/(60\hbar^3 c^2)$	σ	$5.670\,374\,419\cdots \times 10^{-8}$	W m^{-2} K^{-4}	0

SI で併用が認められている非 SI 単位

電子ボルト：(e/C) J	eV	$1.602\,176\,634 \times 10^{-19}$	J	0
原子質量単位 $m(^{12}\mathrm{C})/12$	u	$1.660\,539\,066\,60(50) \times 10^{-27}$	kg	3.0×10^{-10}

掲載した[2]．これらは CODATA の HP (physics.nist.gov/cuu/Constants/) に載っている数多くの詳細な物理定数表の一部である．CODATA (第 1 章 1.4 節参照) は 4 年おきに改訂版をだしているが，ここに掲載した数値は 2018 年版である．

　表 8.3, 表 8.4 および表 8.5 の右端の欄は「相対的不確かさ u_r」を表す．こ

表 8.4 自然単位 (natural units) (2018 CODATA から)

物理量	記号	数値	単位	相対的不確かさ u_r
速度：真空中の光速	c, c_0	299 792 458	m s^{-1}	定義値
作用：$h/2\pi$	$\hbar$	$1.054 571 817\cdots \times 10^{-34}$	J s	0
作用 (単位 eV s)		$6.582 119 569\cdots \times 10^{-16}$	eV s	0
作用 (単位 MeV fm)	$\hbar c$	$197.326 9804\cdots$	MeV fm	0
質量：電子の質量	m_e	$9.109 383 7015(28) \times 10^{-31}$	kg	3.0×10^{-10}
エネルギー	$m_e c^2$	$8.187 105 7769(25) \times 10^{-14}$	J	3.0×10^{-10}
エネルギー (単位 MeV)		$0.510 999 95000(15)$	MeV	3.0×10^{-10}
運動量	$m_e c$	$2.730 924 5307 5(82) \times 10^{-22}$	kg m s^{-1}	3.0×10^{-10}
運動量 (単位 MeV/c)		$0.510 999 95000(15)$	MeV/c	3.0×10^{-10}
長さ ($\hbar/m_e c$)	λ_C	$3.861 592 6796 \times 10^{-13}$	m	3.0×10^{-10}
時間	$\hbar/(m_e c^2)$	$1.288 088 66819(39) \times 10^{-21}$	s	3.0×10^{-10}

　の分野では「不確かさ」の推定が 1 つの重要な研究課題であり，CODATA の HP でもこの解説に膨大なスペースが使われているが，要約するのは難しい．前回 (2014 年) 以降の測定データを反映し，さらに新 SI に応じて不確かさの調整をした推奨値 (2018 CODATA) が，2019 年 5 月に発表された．

　自然単位 n.u. (natural units) は素粒子レベルでの基本過程を扱う場合によく用いられ，原子単位 a.u. (atomic units) は原子・分子・物性物理などで用いられる．この表に書かれている左欄の物理量を $c, \hbar, m_e$ などの物理定数との比で表す単位系である．

　例えば地球の公転速度 v は SI 単位で約 30 km/s であるが自然単位 n.u. では，$v/c = 30 \text{ km}/c \approx 10^{-4}$ だから，約 10^{-4} n.u. であるとなる．また n.u. での 1 秒は，$1 \text{ s}/(\hbar/m_e c^2) \approx 7.76\cdots \times 10^{20}$ だから，約 $7.76\cdots \times 10^{20}$ n.u. であるとなる．電子質量はもちろん 1 n.u. である．

　原子単位では e, m_e, h，ボーア半径 a_0 およびハートリー (Hartree)・エネルギー E_h を基礎にしている．原子半径 a_0 サイズでの電磁気力やエネルギーなどを表すのに便利である．a.u. での 1 秒は，$1 \text{ s}/(\hbar/E_h) \approx 4.134\cdots \times 10^{16}$ だから，$4.134\cdots \times 10^{16}$ a.u. となる．

　表 8.6 はエネルギーと等価な 8 つの量のあいだの換算表である．「8 つの量」のうち基本単位量である 1 J, 1 kg, 1 m^{-1}, 1 Hz, 1 K は $E = mc^2 = hc/\lambda = h\nu = kT$ の関係式で結ばれている．残りの 3 つは 1 eV (電子ボルト)，1 u (相対原

表 8.5 原子単位 (atomic units) （2018 CODATA から）

物理量	記号	数値	単位	相対的不確かさ u_r
電荷：素電荷	e	$1.602\,176\,634 \times 10^{-19}$	C	定義値
質量：電子の質量	m_e	$9.109\,383\,7015(28) \times 10^{-31}$	kg	3.0×10^{-10}
作用：$h/2\pi$	$\hbar$	$1.054\,571\,817\cdots \times 10^{-34}$	J s	0
長さ：ボーア半径 $\alpha/(4\pi R_\infty)$	a_0	$5.291\,772\,109\,03(80) \times 10^{-11}$	m	1.5×10^{-10}
エネルギー：ハートリー・エネルギー $e^2/(4\pi\varepsilon_0 a_0)$ $=2R_\infty hc = \alpha^2 m_e c^2$	E_h	$4.359\,744\,722\,2071(85) \times 10^{-18}$	J	1.9×10^{-12}
時間	$\hbar/E_h$	$2.418\,884\,326\,5857(47) \times 10^{-17}$	s	1.9×10^{-12}
力	E_h/a_0	$8.238\,723\,4983(12) \times 10^{-8}$	N	1.5×10^{-10}
速度	$a_0 E_h/\hbar$	$2.187\,691\,263\,64(33) \times 10^{6}$	m s^{-1}	1.5×10^{-10}
運動量	$\hbar/a_0$	$1.992\,851\,914\,10(30) \times 10^{-24}$	kg m s^{-1}	1.5×10^{-10}
電流	$eE_h/\hbar$	$6.623\,618\,237\,510(13) \times 10^{-3}$	A	1.9×10^{-12}
電荷密度	e/a_0^3	$1.081\,202\,384\,57(49) \times 10^{12}$	C m^{-3}	4.5×10^{-10}
電位	E_h/e	$27.211\,386\,245\,988(53)$	V	1.9×10^{-12}
電場	$E_h/(ea_0)$	$5.142\,206\,747\,63(78) \times 10^{11}$	V m^{-1}	1.5×10^{-10}
電場勾配	$E_h/(ea_0^2)$	$9.717\,362\,4292(29) \times 10^{21}$	V m^{-2}	3.0×10^{-10}
電気双極子モーメント	ea_0	$8.478\,353\,6255(13) \times 10^{-30}$	C m	1.5×10^{-10}
電気四重極モーメント	ea_0^2	$4.486\,551\,5246(14) \times 10^{-40}$	C m^2	3.0×10^{-10}
分極率	$e^2 a_0^2/E_h$	$1.648\,777\,274\,36(50) \times 10^{-41}$	C^2 m^2 J^{-1}	3.0×10^{-10}
1 次超分極率	$e^3 a_0^3/E_h^2$	$3.206\,361\,3061(15) \times 10^{-53}$	C^3 m^3 J^{-2}	4.5×10^{-10}
2 次超分極率	$e^4 a_0^4/E_h^3$	$6.235\,379\,9905(38) \times 10^{-65}$	C^4 m^4 J^{-3}	6.0×10^{-10}
磁束密度	$\hbar/(ea_0^2)$	$2.350\,517\,567\,58(71) \times 10^{5}$	T	3.0×10^{-10}
磁気双極子モーメント $(2\mu_B)$	$\hbar e/m_e$	$1.854\,802\,015\,66(56) \times 10^{-23}$	J T^{-1}	3.0×10^{-10}
磁化率	$e^2 a_0^2/m_e$	$7.891\,036\,6008(48) \times 10^{-29}$	J T^{-2}	6.0×10^{-10}
誘電率 $(4\pi\varepsilon_0)$	$e^2/(a_0 E_h)$	$1.112\,650\,055\,45(17) \times 10^{-10}$	F m^{-1}	1.5×10^{-10}

子質量), $1\,E_h$（ハートリー・エネルギー）であり，$1\,\text{eV} = (e/\text{C})\,\text{J}$, $1\,\text{u} = m_u = (1/12)\,m(^{12}\text{C}) \approx 10^{-3}\,\text{kg mol}^{-1}/N_A$, $E_h = 2R_\infty hc = \alpha^2 m_e c^2$ である.「ハートリー・エネルギー」については表 8.5 も参照せよ. この表を使うと，例えば 1 eV は約 1.60×10^{-19} J, 約 2.42×10^{14} Hz, 約 1.16×10^{4} K に相当することが分かる.

表 8.6 エネルギーと等価な 8 つの量のあいだの換算表(1) (2018 CODATA から)

	各々の単位で対応する数値			
	J	kg	m^{-1}	Hz
1 J	$(1\,\mathrm{J}) = 1\,\mathrm{J}$	$(1\,\mathrm{J})/c^2 =$ $1.112\,650\,056\ldots \times 10^{-17}$ kg	$(1\,\mathrm{J})/hc =$ $5.034\,116\,567\ldots \times 10^{24}\,\mathrm{m}^{-1}$	$(1\,\mathrm{J})/h =$ $1.509\,190\,179\ldots \times 10^{33}$ Hz
1 kg	$(1\,\mathrm{kg})c^2 =$ $8.987\,551\,787\ldots \times 10^{16}$ J	$(1\,\mathrm{kg}) = 1\,\mathrm{kg}$	$(1\,\mathrm{kg})c/h =$ $4.524\,438\,335\ldots \times 10^{41}\,\mathrm{m}^{-1}$	$(1\,\mathrm{kg})c^2/h =$ $1.356\,392\,489\ldots \times 10^{50}$ Hz
$1\,\mathrm{m}^{-1}$	$(1\,\mathrm{m}^{-1})hc =$ $1.986\,445\,857\ldots \times 10^{-25}$ J	$(1\,\mathrm{m}^{-1})h/c =$ $2.210\,219\,094\ldots \times 10^{-42}$ kg	$(1\,\mathrm{m}^{-1}) = 1\,\mathrm{m}^{-1}$	$(1\,\mathrm{m}^{-1})c =$ $299\,792\,458$ Hz
1 Hz	$(1\,\mathrm{Hz})h =$ $6.626\,070\,15 \times 10^{-34}$ J	$(1\,\mathrm{Hz})h/c^2 =$ $7.372\,497\,323\ldots \times 10^{-51}$ kg	$(1\,\mathrm{Hz})/c =$ $3.335\,640\,951\ldots \times 10^{-9}\,\mathrm{m}^{-1}$	$(1\,\mathrm{Hz}) = 1\,\mathrm{Hz}$
1 K	$(1\,\mathrm{K})k =$ $1.380\,649 \times 10^{-23}$ J	$(1\,\mathrm{K})k/c^2 =$ $1.536\,179\,187\ldots \times 10^{-40}$ kg	$(1\,\mathrm{K})k/(hc) =$ $69.503\,480\,04\,\mathrm{m}^{-1}$	$(1\,\mathrm{K})k/h =$ $2.083\,661\,912\ldots \times 10^{10}$ Hz
1 eV	$(1\,\mathrm{eV}) =$ $1.602\,176\,634\ldots \times 10^{-19}$ J	$(1\,\mathrm{eV})/c^2 =$ $1.782\,661\,921\ldots \times 10^{-36}$ kg	$(1\,\mathrm{eV})/(hc) =$ $8.065\,543\,937\ldots \times 10^5\,\mathrm{m}^{-1}$	$(1\,\mathrm{eV})/h =$ $2.417\,989\,242\ldots \times 10^{14}$ Hz
1 u	$(1\,\mathrm{u})c^2 =$ $1.492\,418\,085\,60(45) \times 10^{-10}$ J	$(1\,\mathrm{u}) =$ $1.660\,539\,066\,60(50) \times 10^{-27}$ kg	$(1\,\mathrm{u})c/h =$ $7.513\,006\,6104(23) \times 10^{14}\,\mathrm{m}^{-1}$	$(1\,\mathrm{u})c^2/h =$ $2.252\,342\,718\,71(68) \times 10^{23}$ Hz
$1\,E_\mathrm{h}$	$(1\,E_\mathrm{h}) =$ $4.359\,744\,722\,2071(85) \times 10^{-18}$ J	$(1\,E_\mathrm{h})/c^2 =$ $4.850\,870\,209\,5432(94) \times 10^{-35}$ kg	$(1\,E_\mathrm{h})/(hc) =$ $2.194\,746\,313\,6320(43) \times 10^7\,\mathrm{m}^{-1}$	$(1\,E_\mathrm{h})/h =$ $6.579\,683\,920\,502(13) \times 10^{15}$ Hz

表 8.6 エネルギーと等価な 8 つの量のあいだの換算表(2)

	各々の単位で対応する数値			
	K	eV	u	E_h
1 J	$(1\,\mathrm{J})/k =$ $7.242\,970\,516\ldots \times 10^{22}$ K	$(1\,\mathrm{J}) =$ $6.241\,509\,074\ldots \times 10^{18}$ eV	$(1\,\mathrm{J})/c^2 =$ $6.700\,535\,2565(20) \times 10^9$ u	$(1\,\mathrm{J}) =$ $2.293\,712\,278\,3963(45) \times 10^{17}\,E_\mathrm{h}$
1 kg	$(1\,\mathrm{kg})c^2/k =$ $6.509\,657\,260\ldots \times 10^{39}$ K	$(1\,\mathrm{kg})c^2 =$ $5.609\,588\,603\ldots \times 10^{35}$ eV	$(1\,\mathrm{kg}) =$ $6.022\,140\,7621(18) \times 10^{26}$ u	$(1\,\mathrm{kg})c^2 =$ $2.061\,485\,788\,7409(40) \times 10^{34}\,E_\mathrm{h}$
$1\,\mathrm{m}^{-1}$	$(1\,\mathrm{m}^{-1})hc/k =$ $1.438\,776\,877\ldots \times 10^{-2}$ K	$(1\,\mathrm{m}^{-1})hc =$ $1.239\,841\,984\ldots \times 10^{-6}$ eV	$(1\,\mathrm{m}^{-1})h/c =$ $1.331\,025\,050\,10(40) \times 10^{-15}$ u	$(1\,\mathrm{m}^{-1})hc =$ $4.556\,335\,252\,9120(88) \times 10^{-8}\,E_\mathrm{h}$
1 Hz	$(1\,\mathrm{Hz})h/k =$ $4.799\,243\,073 \times 10^{-11}$ K	$(1\,\mathrm{Hz})h =$ $4.135\,667\,696\ldots \times 10^{-15}$ eV	$(1\,\mathrm{Hz})h/c^2 =$ $4.439\,821\,6652(13) \times 10^{-24}$ u	$(1\,\mathrm{Hz})h =$ $1.519\,829\,846\,0570(29) \times 10^{-16}\,E_\mathrm{h}$
1 K	$(1\,\mathrm{K}) = 1\,\mathrm{K}$	$(1\,\mathrm{K})k =$ $8.617\,333\,262\ldots \times 10^{-5}$ eV	$(1\,\mathrm{K})k/c^2 =$ $9.251\,087\,3014(28) \times 10^{-14}$ u	$(1\,\mathrm{K})k =$ $3.166\,811\,563\,4556(61) \times 10^{-6}\,E_\mathrm{h}$
1 eV	$(1\,\mathrm{eV})/k =$ $1.160\,451\,812\ldots \times 10^4$ K	$(1\,\mathrm{eV}) = 1\,\mathrm{eV}$	$(1\,\mathrm{eV})/c^2 =$ $1.073\,544\,102\,33(32) \times 10^{-9}$ u	$(1\,\mathrm{eV}) =$ $3.674\,932\,217\,5655(71) \times 10^{-2}\,E_\mathrm{h}$
1 u	$(1\,\mathrm{u})c^2/k =$ $1.080\,954\,019\,16(33) \times 10^{13}$ K	$(1\,\mathrm{u})c^2 =$ $9.314\,941\,0242(28) \times 10^8$ eV	$(1\,\mathrm{u}) = 1\,\mathrm{u}$	$(1\,\mathrm{u})c^2 =$ $3.423\,177\,6874(10) \times 10^7\,E_\mathrm{h}$
$1\,E_\mathrm{h}$	$(1\,E_\mathrm{h})/k =$ $3.157\,750\,248\,0407(61) \times 10^5$ K	$(1\,E_\mathrm{h}) =$ $27.211\,386\,245\,988(53)$ eV	$(1\,E_\mathrm{h})/c^2 =$ $2.921\,262\,322\,05(88) \times 10^{-8}$ u	$(1\,E_\mathrm{h}) = 1\,E_\mathrm{h}$

参考文献

[1] 佐藤文隆:「物理定数と SI 単位」(岩波書店, 2005).
[2] E. Tiesinga, P. J. Mohr, D. B. Newell, and B. N. Taylor: The 2018 CODATA Recommended Values of the Fundamental Physical Constants (Web Version 8.0, 2019). J. Baker, M. Douma, and S. Kotochigova によって開発されたデータベースが NIST (National Institute of Standards and Technology)の WEB サイトで公開されている:http://physics.nist.gov/constants
[3] BIPM (Bureau International des Poids et Mesures: International Bureau of Weights and Measures), https://www.bipm.org/;特に,新 SI (2018)の情報は以下を参照:https://www.bipm.org/en/measurement-units/rev-si/; SI Brochure: The International System of Units (SI) [8th edition, 2006; updated in 2014] とその他の文書.
[4] 産業技術総合研究所計量標準総合センター, https://www.nmij.jp/library/;「国際単位系(SI)」(日本規格協会, 2007)とその他の文書. 新 SI については, 同センターの研究者による解説:臼田孝:「新しい1キログラムの測り方——科学が進めば単位が変わる(ブルーバックス)」(講談社, 2018).
[5] D. B. Newell: A more fundamental International System of Units, Phys. Today, **67**, 35 (July, 2014).
[6] M. Stock: The watt balance: determination of the Planck constant and redefinition of the kilogram, Philos. Trans. Royal Soc. A **369**, 3936 (2001).
[7] J. C. Maxwell: A dynamical Theory of the Electromagnetic Field, Phil. Trans. Roy. Soc. London **155**, 459 (1865).
[8] T. K. Simpson: "Maxwell on the Electromagnetic Field — A Guided Study" (Rutgers University Press, 1997).
[9] W. Weber und R. Kohlrausch: Über die Elektrizitätsmenge, welche bei galvanischen Strömen durch den Querschnitt der Kette fliesst, Ann. Phys. (Berl.) **175**, 10 (1856).
[10] 木幡重雄:「電磁気の単位はこうして作られた——「電磁気学」の発展と「単位系」の変遷を辿る」(工学社, 2003).
[11] J. C. Maxwell: "A Treatise on Electricity and Magnetism," 3rd ed., Vols. 1, 2 (Dover, 1954).
[12] J. C. Maxwell: On a method of making a direct comparison of electrostatic with electro-magnetic force; with a note on he electromagnetic theory of light, Phil. Trans. Roy. Soc. London **158**, 643 (1868).
[13] 霜田光一:「歴史をかえた物理実験」(丸善, 1996).

[14] S. A. Schelkunoff: The impedance concept and its application to problems of reflection, refraction, shielding and power absorption, Bell System Tech. J. **17**, 17 (1938).

[15] F. Frezza: The Life and Work of Giovanni Giorgi: The Rationalization of the International System of Units, IEEE Antennas and Propag. Mag. **57**, 152 (2015).

[16] M. Kitano: The vacuum impedance and unit systems, IEICE Trans. Electron. **E92-C**, 3 (2003).

[17] S. A. Schelkunoff and H. T. Friis: "Antennas — Theory and Practice" (John Wiley & Sons, 1952).

[18] Y. Mushiake: Self-complementary antennas, IEEE Antennas and Propag. Mag. **34**, 23 (1992).

[19] W. H. Louisell: "Quantum Statistical Properties of Radiation" (John Wiley & Sons, 1973).

[20] J. A. Schouten: "Tensor Analysis for Physicists," 2nd ed. (Dover, 1954).

[21] G. Weinreich: "Geometrical Vectors" (The University of Chicago Press, 1998).

[22] C. W. Misner, K. S. Thone, and J. A. Wheeler: "Gravitation" (W.H. Freeman and Co., 1972).

[23] 北野正雄:「新版 マクスウェル方程式――電磁気学のよりよい理解のために」(サイエンス社, 2009).

[24] 小林弘和, 北野正雄:机の上で光速を測る, 大学の物理教育 **21**, 130 (2015); 北野正雄:LC 共振回路で光速を測る, 大学の物理教育 **21**, 126 (2015).

[25] J. A. Stratton: "Electromagnetic Theory" (McGraw-Hill, 1941) p. 213.

[26] F.W. Hehl and Y.N. Obukhov: "Foundations of Classical Electrodynamics — Charge, Flux, and Metric" (Birkhäuser, 2003) p. 136.

[27] J. J. Roche: "The Mathematics of Measurement — A Critical History" (The Athlone Press, 1998).

[28] J. D. Jackson: "Classical Electrodynamics," 3rd ed. (Wiley, 1998).

[29] H. Teichmann: "1901-2001 Celebrating the Centenary of SI — Giovanni Giorgi's Contribution and the Role of the IEC" (IEC, 2001).

[30] A. Sommerfeld (Translated by E.G. Ramberg): "Electrodynamics" (Academic Press, 1952) Preface, Section 1. 力によらない, 電気量の導入の必要性を述べている. 本書は 1933/34 年の講義ノートに基づくものであるが, この学期に CGS を捨て, 4 元単位系(MKSQ)を採用したということである.

[31] D. J. Griffiths: "Introduction to Electrodynamics," 3rd ed. (Prentice Hall, 1999).

[32] M. Schwartz: "Principle of Electrodynamics" (Dover, 1987).

[33] J. Franklin: "Classical Electromagnetism" (Addison Wosley, 2005).

[34] Yu Lan et al.: A Clock Directly Linked Time to a Particle's Mass, Science **339**, 554 (2013).
[35] J-P. Uzan: Varying constants, Gravitation and Cosmology, arXiv:1009.5514 [astro-ph]; M.S. Safronova et al., Search for New Physics with Atoms and Molecules, arXiv:1710.01833 [physics.atom-ph].
[36] E. Buckingham: On Physically Similar Systems: Illustrations of the Use of Dimensional Equations, Phys. Rev. **4**, 345 (1914).
[37] E. M. Purcell and D. J. Morin: "Electricity and Magnetism," 3rd ed. (Cambridge University Press, 2013).
[38] E. Gibney: New definitions of scientific units are on the horizon, Nature **550**, 312 (2017).
[39] J. H. Williams: "Defining and Measuring Nature —— The make of all things, IOP Concise Physics" (Morgan & Claypool, 2014).
[40] ケン オールダー，吉田三知世(訳)：「万物の尺度を求めて——メートル法を定めた子午線大計測」(早川書房，2006).
[41] デーヴァ ソベル，藤井留美(訳)：「経度への挑戦——1秒にかけた四百年」(翔泳社，1997).
[42] 廣重徹：「科学の社会史(上)」岩波現代文庫(岩波書店，2002)第5章.
[43] M. Kitano: Mathematical Structure of Unit Systems, J. Math. Phys. **54**, 052901 (2013).
[44] S. Mac Lane: "Categories for the Working Mathematician," 2nd ed. (Springer, 1998)

あとがき

　本書の前身である，佐藤文隆著「物理定数と SI 単位」(2005)[1]は，単なる物理定数や単位系の解説を超えて，科学と技術の関係性，文化の衝突，人類の自然認識の発展過程といった幅広い立場からの考察を含む興味深いモノグラフである．単位や単位系の世界と縁遠いはずの理論物理学者が著者であるという点にも興味を惹かれて早速入手した．しかし，読み進むうちに，電磁気部分(第 3 章)に次元の合わない式がかなり含まれていることに気がついた．2015 年の秋ごろに，修正案(正誤表)を佐藤先生に送ったところ，前向きに話が発展し，共著で改訂版を作るという大事業が開始した．さまざまな議論を重ねて，ようやく完成したのが本書である．

　電磁気部分の改訂は，4 元の MKSA 単位系を前提に，その理論的構造を見直し，明らかにするところから出発した．第 4 章では，電磁気を構成する 4 つの場 (E, B, D, H) とそれらを関係づける定数 ($\varepsilon_0, \mu_0, c_0, Z_0$) の役割を詳しく論じた．特に，その重要性にもかかわらず存在がほとんど意識されてこなかった真空のインピーダンス Z_0 に関しては，さまざまな側面から論じた．光速 c_0 に匹敵する物理的意味はあるのか，あるとすればどのような場面に現れるのか，真空を特徴づける量といえるのか，などの観点から議論をすすめた．やや冗長に思えるほど多くの例を挙げたのは，その意義について，どこかでなるほどと思ってもらえることを期待してのことである．

　MKSA 単位系を基本とする SI が制定されてから，すでに 60 年以上が経過しているが，いまだ完全に定着しているとはいえない．第 5 章では，電磁気の単位系の歴史を現在の視点から振り返った．現在でも，過去の単位系，特にガウス単位系の影響が根強く残っており，D, H の軽視，電磁気定数の物理的解釈の不在など，電磁気学の体系的理解の障害となる誤解や俗説が多く存在している．新しい単位系を古い単位系の枠組みにはめて理解しようとするところに原因がある．構造化されたモダンなコンピュータ言語を使いながら，昔習った goto 文を使い続けているようなものである．第 4 章の電磁気の全体構造

を読んで，どこかに違和感を覚えた人は，その部分について19世紀的な教えを受けていた可能性がある．

過去の単位系の影響はSI自身にも内包されていた．アンペアが，emu単位系を引き継ぐ形で磁気力によって定義されており，その結果，透磁率が$\mu_0 = 4\pi \times 10^{-7}$ H/mのように，辻褄合せの定数や単なる数値にすぎないと誤解されやすいものになっていた．2018年のSIの改訂では，アンペアは素電荷eの値によって定義されるようになり，それに伴って$\mu_0, \varepsilon_0, Z_0$は通常の物理定数のように測定で定められる量という本来の姿になる．旧本において強く意識されていた物理法則と単位系の関係性も，2018年のSIの改訂において明瞭に示されるものとなるわけであるが，これについて議論することも本書の重要な目標である．

歴史を振り返ってみると，単位系の普及の時定数は，自然言語の場合と同様に長く，人間の世代交代のスケールに匹敵する．普遍性追求の意味を理解せず，古い体系やそれを自己流にアレンジしたものに執着する傾向は，常にエントロピーを増加させている．それに抗って，科学の共通言語(lingua franca)をめざしているSIに単位系が集約されるには，100年オーダーの時間が必要なのである．

第7章では単位系の基礎理論を展開した．圏論(category theory)の考え方を踏まえて，単位系相互の関係性(擬順序)と準同型写像としての変換則を論ずるものである．内容はやや数学的ではあるが，このような一般論がなかったために，単位系に関する議論は，慣れの有無や嗜好の問題に転化され，不毛な水掛け論に終始しがちであった．今後，このような基礎理論に基いた単位系の議論が交わされることを期待したい．

等価な単位系群という概念の導入によって，単位系の選択は，単位の大きさや名称といった単なる約束事のレベルに留まるものではなく，何を基本量と考え，どのように物理法則を定式化するのかという物理観に関わるものであることが明らかになった．それは，物理量の方程式や次元解析が等価な単位系群で共有されることにも現れており，単位系群は自然を記述する言語と考えてよい．単位系としてのSIは常に改定によって変化してゆくが，それを含む単位系群は不変な枠組みとして維持されているのである．

謝辞 佐藤文隆先生には，共著者として改訂作業に参加する機会を与えていただいたことを心より感謝します．2年以上にわたって，単位系をはじめ物理学全般について深い議論をさせていただいたことは筆者にとって何より貴重な機会でした．谷村省吾氏，中西俊博氏，小林弘和氏，中田陽介氏，小川和久氏の各位には，本書の内容について有益なご意見を頂戴しました．

2018年2月

北 野 正 雄

索引

英数字

3元単位系　110
$4\pi \times 10^{-7}$　86
4元単位系　110
6元単位系　130
CGS emu 単位系　59, 70
CGS esu 単位系　59, 70
CGS 単位系　9, 111
CODATA　→科学技術データ委員会
D, H の測り方　107
EB 対応　136
EH 対応　136
F 場　64
F 量　118
IPK　→キログラム原器(IPK)
LC 共振回路　94, 105
LC ラダー回路　96
LED　155
MKSA 単位系　10, 41, 60, 127, 133
MKSC(MKSQ)単位系　129
MKSΩ 単位系　128
MKS 単位系　10
NTP(Network Time Protocol)　153
QES 単位系　126
Q 値　95
SI　→国際単位系
SI 冊子(Brochure)　13
SI 単位　3
SI と併用される単位　19
S 場　63
S 量　118
TPW　→水相図3重点(TPW)
UNIX time　154
X 線結晶密度法　52

ア行

アボガドロ定数　32, 52
アンペアの定義　86, 89

依存関係　→基本単位の定義値への依存関係
一貫性(coherence)　18, 148, 167
インピーダンス　90, 142
陰暦　34
ウェーバー・コールラウシュの実験　71, 105
閏秒(うるう秒, leap second)　153
英国科学振興協会(BAAS)　127
エネルギー等価換算表　184
音響気体温度計　46

カ行

ガウス(人名)　9, 122
ガウス単位系　110, 122, 131, 134
科学技術データ委員会(CODATA)　6, 185
括弧([ ])　145
カンデラ　55
機械的振動子　91
擬順序　170
擬テンソル　83
基本単位　15, 16, 31, 168
基本単位の定義値への依存関係　32
協定世界時(UTC)　153
キログラム原器(IPK)　39
クーロンの法則　67
クオーツ　37
屈折率　142
組み立て単位　15, 16
クロスキャパシタ　89
系統樹　130
経度制定　159
計量　168
計量器検定　22
計量テンソル　83
血圧　156
ケルビン卿(トムソン)　41, 45, 96
現示(realization)　11, 85, 148

原子周波数標準器　152
原子単位(atomic units)　187
原子時計　37, 152
源場　63, 104
構成方程式　65, 76, 83
光速　38, 66, 71, 84, 105
光度　55
国際アボガドロ・プロジェクト　53
国際温度目盛(ITS-90)　47
国際原子時(TAI)　153
国際単位系(Le Système International
　d'Unités)　2, 8, 15
国際電気会議(IEC)　10, 87, 128
国際電気標準会議(IEC)　129
国際度量衡委員会(CIPM)　2, 87
国際度量衡局(BIPM)　2
古典的教科書の単位系改定　150

サ 行

産業技術総合研究所計量標準総合センター
　12, 39
参照標準群(ensemble)　151
暫定国際温度目盛(PLTS-2000)　47
シェルクノフ　77
視環境　157
次元　177
次元解析　167
自己補対アンテナ　101
自然単位(natural units)　186
磁束密度　64
実用単位　60, 87, 127
磁場の強さ　63
修正ガウス単位系　124, 133
重力による振動数シフト　140
ジュール(人名)　128
準同型写像　169
状態方程式　46
情報通信研究機構(NICT)　152
情報量の単位　154
ジョセフソン効果　42
ジョセフソン定数　43, 78
ジョルジ　10, 60, 87, 127, 129
ジョンソン・ノイズ温度計　46
真空のインピーダンス　76, 90

真空の透磁率　65
真空の誘電率　65
新計量法　161
震度　157
水銀柱　127
水銀の抵抗率　127
スカラーポテンシャル　64
ステファン・ボルツマン法則　46
正規化　178
正接検流計　73
静電単位系(esu)　59, 110
聖なる数　163
生物・生理的効果　143
セシウム(^{133}Cs)原子時計　31
絶対測定　69
絶対単位　87
絶対放射温度計　46
接頭語(prefix)　19
セルシウス　44
相対原子質量　49
相対論　81
素電荷　32, 89
ゾンマーフェルト　129, 134

タ 行

大気圧　156
代数記号　21
ダイナミックレンジ　157
ダイポールアンテナ　101
太陽暦　34
ダニエル電池　127
タレーラン　8, 158
単位記号　21
単位系間の写像　171
単位系間の変換　114
単位系という制度　148
単位系の進化　123
単位系の数理構造　167
地球半径　4
定義値　31
定義値化　85
定義値表　183
電荷密度　63
電気回路　60

電気・磁気諮問委員会(CCEM)　10
電磁単位系(emu)　59, 110
電磁波の反射と透過　98
電信方程式　96
電束管　104
電束密度　63
電場　64
電波時計　152
天文時間　34
電流密度　63
電力　128
統一原子質量単位　48
等価な単位系群　170, 176
等級　164
等電位面　102, 104
時計　36
トムソン　→ケルビン卿

ナ行

日本標準時(JST)　152

ハ行

バイト(byte)　154
バッキンガムのπ定理　147
発光効率　32
波動解　79
半周期が1秒となる振り子　9
反対称テンソル　81
非SI単位　185
ビオ・サバールの式　67
光原子時計　38
光格子時計　38, 140
光コム　139
微細構造定数　53, 77
微小質量の直接測定　151
微分形式　81, 105
非有理単位系　110
ファーレンハイト　44
ファブリ・ペロ共振器　101
フォン・クリッツィング定数　43, 77
双子のパラドックス　141
物理定数測定の不確かさ　7
物理量　169
部分順序　170

部分単位系への埋め込み　178
プランク単位系　175
プランク定数　32
フランス革命　158
分割リング共振器　142
分散関係　162
平均太陽日　35
米国での単位系　149
ヘクトパスカル　156
ベクトルポテンシャル　64
ヘビサイド　122
ヘビサイド・ローレンツ単位系　113, 122
ヘルツ(人名)　122
ヘルムホルツ　122
変位電流項　74
変換可能性　170
変換表　118
放射インピーダンス　100
放射線に関する線量当量　143
法定計量単位　23
法定単位制定　22
補間温度計　47
補助場　136
ホッジの星型作用素　83
ボルツマン定数　32

マ行

マクスウェル　5, 41, 57, 74
マクスウェル方程式　57, 131
マグニチュード　157
水相図3重点(TPW)　44
ミリバール　156
無次元量　172
メートル原器　4, 38
メートル条約　8
メートル条約加盟国　13
メートル法　2, 158
メートル法義務化　160
メタマテリアル　141
モル質量　40, 49

ヤ行

誘電率気体温度計　46

有理単位系　110
よく使われる基本物理定数　185

ラ行

ライプニッツ　147
ラムゼイ・ボーデ原子干渉法　141
ランキング　164
力学単位　41
力線　102
力場　64, 104
リドベルグ定数　53

量子ホール効果　42
量子ホール抵抗　51
量の空間　168
量の計算　147
ルーメン　55
ルクス　55
ローレンツ力　64

ワ行

ワットバランス　49, 89

■岩波オンデマンドブックス■

新 SI 単位と電磁気学

2018 年 6 月 19 日　第 1 刷発行
2025 年 4 月 10 日　オンデマンド版発行

著　者　佐藤文隆　北野正雄

発行者　坂本政謙

発行所　株式会社　岩波書店
　　　　〒101-8002 東京都千代田区一ツ橋 2-5-5
　　　　電話案内 03-5210-4000
　　　　https://www.iwanami.co.jp/

印刷／製本・法令印刷

© Humitaka Sato, Masao Kitano 2025
ISBN 978-4-00-731553-4　　Printed in Japan